课书房 新/形/态/教/材 | 高等职业教育**智能建造专业**系列教材

装配式建筑施工技术

ZHUANGPEI SHI JIANZHU SHIGONG JISHU

主　编◎罗　琼　王　娜
副主编◎温兴宇　曹让铃
参　编◎刘　杨　李　绯
　　　　张兴莲　唐益粒
主　审◎黄　敏

重庆大学出版社

内容提要

本书是结合高等职业教育教学改革实际并广泛收集装配式建筑的前沿资料和工程实践经验编写而成的。本书主要内容包括装配式建筑概述、装配式建筑的类型、装配式混凝土建筑施工、装配式混凝土建筑质量控制与验收、装配式建筑施工安全管理等。

本书可作为高等职业教育智能建造技术、装配式建筑工程技术、建筑工程技术专业用书,也可作为相关专业课程设计、实训的辅导资料,还可作为建筑产业现代化技术工人培训的教材。

图书在版编目(CIP)数据

装配式建筑施工技术 / 罗琼,王娜主编. -- 重庆:
重庆大学出版社,2023.8
高等职业教育智能建造专业系列教材
ISBN 978-7-5689-4058-0

Ⅰ.①装… Ⅱ.①罗… ②王… Ⅲ.①装配式构件—
建筑施工—高等职业教育—教材 Ⅳ.①TU3

中国国家版本馆 CIP 数据核字(2023)第 131661 号

高等职业教育智能建造专业系列教材
装配式建筑施工技术

主　编　罗　琼　王　娜
副主编　温兴宇　曹让铃
主　审　黄　敏
策划编辑:林青山
责任编辑:姜　凤　　版式设计:林青山
责任校对:谢　芳　　责任印制:赵　晟

*

重庆大学出版社出版发行
出版人:陈晓阳
社址:重庆市沙坪坝区大学城西路 21 号
邮编:401331
电话:(023)88617190　88617185(中小学)
传真:(023)88617186　88617166
网址:http://www.cqup.com.cn
邮箱:fxk@cqup.com.cn(营销中心)
全国新华书店经销
重庆五洲海斯特印务有限公司印刷

*

开本:787mm×1092mm　1/16　印张:13　字数:318 千
2023 年 8 月第 1 版　　2023 年 8 月第 1 次印刷
印数:1—2 000
ISBN 978-7-5689-4058-0　定价:49.00 元

前言
FOREWORD

2022年7月13日,住房和城乡建设部、国家发展改革委联合印发了关于《城乡建设领域碳达峰实施方案》(以下简称《方案》)的通知,明确2030年前城乡建设领域碳排放达到峰值。《方案》中提出:大力发展装配式建筑,推广钢结构住宅,到2030年装配式建筑占当年城镇新建建筑的比例达40%,就智能建造、绿色建筑、光伏建筑一体化、绿色低碳农房等提出相关要求。

本书基于国家关于装配式建筑相关政策背景,根据国家相关规范、规程,"1+X"装配式建筑构件制作与安装职业技能等级证书考评大纲,依托四川省职业院校建筑工程技术"双师型"名师工作室,联合中建八局、四川七建、四川省宏业建设软件有限责任公司等企业专家以及各高校骨干教师,广泛收集装配式建筑的前沿资料和工程实践经验,侧重于培养土建类学生装配式建筑构件制作与安装技能,实现课证融通。在相关知识点配置了数字资源,使学生易懂、易学。本书也可作为建筑产业现代化技术工人培训的入门教材。

本书共5章,第1章装配式建筑概述,由四川建筑职业技术学院刘杨编写;第2章装配式建筑的类型,由四川建筑职业技术学院王娜编写;第3章装配式混凝土建筑施工,由四川建筑职业技术学院罗琼和温兴宇老师共同编写;第4章装配式混凝土建筑质量控制与验收,由四川省德阳市质检站李绯和四川建筑职业技术学院罗琼共同编写;第5章装配式建筑施工安全管理,由四川建筑职业技术学院刘杨编写。附录部分由四川省宏业建设软件有限责任公司结合生产企业实际编制完成。本书由四川建筑职业技术学院黄敏教授主审。

本书在编写过程中参考了大量公开出版的书籍和资料,所有的数字资源由四川省宏业建设软件有限责任公司提供,在此表示由衷的感谢!

由于编者水平有限,书中难免有疏漏和不足之处,恳请专家和读者批评指正。

编　者
2023年7月

目录
CONTENTS

第1章 装配式建筑概述

【本章内容】

本章简要介绍装配式建筑的基本概念,简要分析发展背景及现状。重点分析装配式建筑的特点及优势、装配式建筑的发展前景。

【本章重点】

装配式建筑的特点、优势及发展前景。

【延伸与思考】

节能环保是大势所趋,装配式建筑这一低碳环保的建筑在"双碳"理论下具有广阔的发展前景。因此,要求从业人员要有创新意识和环保意识。

1.1 装配式建筑施工的概念

很多学者或者机构都试图定义什么是装配式建筑,或使用词语来描述装配式建筑方法背后的基本原则。例如,美国建筑产业协会(Construction Industry Institute,CII,1986)在一份基础报告中这样定义预先制造和预先组装:预先制造(Prefabrication)是一种制造方法,一般是在专门的设备上,将各种材料结合在一起形成一个最终的安装部件。预先组装(Preassembly)是一种在远程位置,把各种材料、预先组装部件,以及各种设备结合在一起,形成后续安装子单元的方法。英国建筑产业研究和信息协会(Construction Industry Research and Information Association,CIRIA,1997)定义预先组装如下:预先组装(Preassembly)在最终就位前,为一件产品组织和完成大部分的最终装配工作。它包括许多形式的分部装配。它可以在现场或者远离现场进行,并且常常涉及标准化。这些定义都基本上概括了装配式建筑的内涵和特点,为装配式建筑的发展指明了一个方向,奠定了基本思路。

随着科学技术的迅速发展,建筑业迎来了工业时代,建造房屋像造汽车一样,如同搭积木般简单,速度快、效率高;建造房屋不再是传统泥瓦匠作业,而是全部采用工厂化、机械化作业。遵循房屋全生命周期的绿色理念,从设计、制造、开发、施工、运营服务的建筑全生命周期,提出整体解决方案,实现节约资源与低碳减排的目的,提升建筑品质和建造效率。

要发展建筑工业化,首先要大力发展装配式建筑。装配式建筑施工是建筑工业化生产方式的代表,以及建筑工业化的重要组成部分。

装配式建筑是指把传统建造方式中的大量现场作业工作转移到工厂进行,建筑用的构件和配件(如楼板、墙板、楼梯、阳台等)在工厂加工制作完成后,运输到建筑施工现场,通过可靠的连接方式将构件装配安装而成的建筑。装配式建筑以标准化设计、工业化生产、装配化施工、信息化管理为特点,具有节约成本、加快施工进度、绿色环保的优点。装配式建筑构件预制生产,将大量现场工作转移到工厂进行的建设方式,展现了建筑建造方式的重要转变,也是我国建筑行业未来的发展方向。2016 年,我国在《装配式混凝土建筑技术标准》(GB/T 51231—2016)中明确定义了装配式建筑的概念,其概念是结构系统、外围护系统、设备与管线系统、内装系统的主要部分采用预制部品部件集成的建筑,更加简单明了地说明了什么是装配式建筑。2018 年 2 月 1 日生效的《装配式建筑评价标准》(GB/T 51129—2017)又将其概念简化为由预制部品部件在工地装配而成的建筑。

就目前而言,常见的装配式结构形有 3 种,即装配式混凝土建筑、装配式钢结构建筑和现代木结构建筑。装配式混凝土建筑结构是以工厂化生产的钢筋混凝土预制构件为主,通过现场装配的方式设计建造的混凝土结构类房屋建筑。装配式钢结构建筑是其结构系统由钢(构)件构成的建筑。装配式混凝土结构是我国装配式建筑结构发展的重要方向之一,其有利于我国建筑工业化的发展,提高建筑生产效率,节能环保,保证和提高建筑工程质量。

1.2 装配式建筑的发展历史及现状

1.2.1 国外装配式建筑的发展历史

公元前 8—6 世纪的古希腊建筑物大多数是用木材或泥砖或黏土造成的。大约在 600 年,木材柱子经历了称为石化的材料变革,所有的柱子都采用了石材,并预先制造。古希腊建筑的结构属梁柱体系,早期的主要建筑都使用石材(图 1.1)。限于材料性能,石材梁的跨度一般为 4 ~ 5 m,最大不超过 7 ~ 8 m。石材柱以鼓状砌块垒叠而成,砌块之间由榫卯或金属销连接,墙体也用石材砌块垒成。

图 1.1　古希腊建筑物

工业革命时期，随着科学技术的进步，现代建筑材料和建筑工程技术的发展，城市规模急剧扩大，大批农村人口向城市集中，城市住宅短缺问题严重。强大的住宅需求，极大地刺激了建筑行业的发展。

1851 年，第一次工业革命在英国结出丰硕成果，大英帝国处于鼎盛时期，英国女王邀请世界各国参加大英帝国举办的第一届世界博览会。约瑟夫·帕克斯顿仰仗现代工业技术提供的经济性、精确性和快速性，第一次完全采用单元部件的连续生产方式，通过装配式结构的手法建造大型空间，设计和建造了伦敦世界博览会会场水晶宫（图 1.2）。建造工期为 6 个月，其建筑规模为 9 万 m²，长 563 m、宽 124 m、最大跨度 22 m、最高顶棚高 33 m。水晶宫从建造完成到拆除，均采用了预制建造工程技术。

图 1.2　第一座装配式大型公建——伦敦水晶宫

1903 年，约翰·亚历山大·布罗迪在利物浦埃尔登街建设中采用预制混凝土作为建筑材料，如图 1.3 所示。

图 1.3　1903 年约翰·亚历山大·布罗迪在利物浦埃尔登街建设中的作品
（采用预制混凝土作为建筑材料）

1910 年 3 月，沃尔特·格罗皮乌斯向德国通用电气公司 AEG 的艾米尔·拉特诺提交了一份合理化生产住宅建筑的备忘录，直到今天，这份备忘录也被认为是对标准化住宅单元的预制、装配和分布的先决条件最为透彻的阐述。在 1910 年，格罗皮乌斯对"住宅产业化"作出明确的阐述。住宅产业化需要不断地复制生产独立的部件，需要用机器制造同一标准尺寸的部件，还可提供具有互换性的部件。

1928 年,第一届"国际现代建筑会议"(简称为"CIAM")通过了拉萨拉兹宣言,强调建筑产业化的必要性,还认为"建筑质量的高低并不取决于工匠们的手艺,而在于要普遍地采用合理化的生产方法",指出"建筑产业化首先应该是尺寸规格化,并采用有效的生产方法"。

第二次世界大战后,欧洲国家以及日本经过战争摧残,到处是断壁残垣,战争损坏了大量房屋。战后欧洲经济迅速发展,人口向城市集中,迫切要求解决住宅问题,房荒严重。劳动力严重不足,传统技工奇缺,加上传统的建筑施工方法效率低,不能满足当时所面临的房屋增长的迫切需要。此时,装配式建筑体现出强大的优势,也在这个时期得到了大力发展。在这个时期,也涌现出了很多杰出的建筑大师,如法国的现代建筑大师勒·柯布西耶曾经构想房子也能够像汽车底盘一样工业化成批生产。他的著作《走向新建筑》奠定了工业化住宅、居住机器等最前沿建筑理论的基础。

虽然欧洲国家饱受战火摧残,但是其工业基础好,战后恢复和发展都非常迅速,充裕的水泥、钢材和施工机械等物资,为建筑工业化的推行提供了更为有利的条件,形成了如英国的莱茵建筑体系、瑞典的哥腾堡公寓建筑体系、法国的卡缪大板住宅建筑、苏联的盒子结构建筑等装配式建筑体系(图 1.4)。

图 1.4 欧洲时期的装配式建筑施工现场

20 世纪 70 年代后,世界各个发达国家都大力发展建筑业,其中装配式建筑也得到了快速发展。

英国政府积极引导装配式建筑发展。明确提出英国建筑生产领域需要通过新产品开发、集约化组织、工业化生产来实现"成本降低 10%,时间缩短 10%,缺陷率降低 20%,事故发生率降低 20%,劳动生产率提高 10%,最终实现产值利润率提高 10%"的具体目标。同时,政府出台了一系列鼓励政策和措施,大力推行绿色节能建筑,以对建筑品质、性能的严格要求,促进建筑行业向新型建造模式转变。英国政府主管部门与行业协会等紧密合作,完善技术体系和标准体系,促进装配式建筑项目实践。根据装配式建筑行业的专业技能要求,建立专业水平和技能的认定体系,推进全产业链人才队伍的形成。英国除了关注开发、设计、生产与施工,还注重扶持材料供应和物流等全产业链的发展。

德国的装配式住宅主要采取叠合板、混凝土、剪力墙结构体系,耐久性好。德国是世界上建筑能耗降低幅度最快的国家,2011 年更是提出发展零能耗的被动式建筑。从建筑的大幅度节能到被动式建筑,德国均采用装配式建筑来实现,装配式住宅与节能标准之间相互融合。第二次世界大战后,新建别墅等建筑基本为全装配式钢(木)结构。强大的预制装配式建筑产业链,建筑、结构、水暖电协作配套,先进的机械设备和高效的物流,加上高校、研究机构和企业的技术支持,促进了德国装配式建筑的高速发展。

法国是世界上推行装配式建筑最早的国家之一。法国的装配式建筑以装配式混凝土结构为主,钢结构和木结构为辅。法国的装配式住宅建筑大多采用框架或板柱体系,采用焊接、螺栓连接等干法作业,结构构件与设备、装修工程分开,减少预埋,生产和施工质量高。

加拿大装配式建筑,从20世纪20年代开始探索预制混凝土构件的开发和应用,到20世纪六、七十年代该技术得到大面积推广应用。目前,装配式建筑主要应用于居住建筑,以及学校、医院、办公大楼等公共建筑,还有停车库、单层工业厂房等建筑。在工程实践中,由于大量应用大型预应力预制混凝土构件拼装技术且构件通用性高,使装配式建筑更能充分发挥其优越性。大城市建筑多为装配式混凝土结构和装配式钢结构,小镇建筑多为装配式钢结构或钢-木结构。

新加坡的住宅建筑建造方法多采用装配式建筑技术,其住宅政策及装配式住宅发展理念更是促进了装配式建筑技术的推广。其15层到30层的单元化的装配式住宅,占全国总住宅数量的80%以上。新加坡80%的住宅由政府建造,以标准化设计为核心、构件工业化生产和快速装配之间的配套融合,经过20年快速建设,住宅建筑装配率达到70%,大部分为塔式或板式混凝土高层建筑。

第二次世界大战后,日本大量民众流离失所,为了给民众提供更多的住处,日本开始探索高效率建造住宅,其建筑工业化由此开始。1974年,日本建立了优秀构件质量鉴定和评定体系,对住宅构件的外观、安全性、耐久性、价格等方面进行综合评定,合格构件标注"BL构件",并规定构件经过鉴定后才能在市场上使用。

1950年到1973年是发展初期,战后日本为给流离失所的人们提供住房,开始探索以工业化的生产方式,低成本、高效率地建造住宅,建立统一模数标准,使现场施工操作简单化,满足国民的基本住房需求,住宅类型从追求低价型发展为规格量产型。

1973年到1985年是提升时期,日本住宅采用装配式建筑技术,从满足基本住房需求阶段进入功能提升阶段,重点发展楼梯、整体厨房卫生间、室内整体全装修以及采暖体系、通风体系等工业化生产。到20世纪80年代中期,满足日本住宅的装配率已增至15%~20%。

1985年至今是成熟时期,随着居民对提高建筑品质的要求,从20世纪90年代初,日本开始完全摒弃了传统手工建造方式,全面推广装配式建造方式。除建筑主体结构采用装配式建造外,可在内装方面发展出成熟的产品体系,形成主体工业化与内装工业化相协调的完善体系,住宅建筑向高附加值、资源循环利用的方向发展。

日本在推进规模化和产业化结构调整进程中,住宅产业经历了从标准化、多样化、工业化到集约化、信息化的不断演变和完善过程。日本政府通过立法来确保预制混凝土结构的质量,坚持技术创新,制定一系列住宅建设工业化的方针、政策,建立统一的模数标准,解决了标准化、大批量生产和住宅多样化之间的矛盾。通过政府强有力的干预和支持,大力推动了住宅产业的发展。

美国装配式住宅盛行于20世纪70年代。1976年,美国国会通过了国家工业化住宅建造及安全法案,同年出台了一系列严格的行业规范标准,一直沿用至今。装配式住宅除了注重质量,更加注重美观、舒适性及个性化。美国工业化住宅协会统计,2001年,美国的装配式住宅已达到1 000万套,占美国住宅总量的7%。在美国,大城市住宅的结构类型以混凝土装配式和钢结构装配式住宅为主,而小城镇多以轻钢结构、木结构住宅体系为主。美国工业化住宅的构件和部品,其标准化、系列化、专业化、商品化、社会化程度均很高,几乎达到100%。用户可通过产品目录买到所需的产品。建材产品和部品部件种类齐全,产品结构性能好,通用性强,也易于机械化生产。

1.2.2　我国装配式建筑的发展历史

我国装配式建筑的发展始于20世纪50年代,基本完成第一个五年计划(1953—1957年)后,建立了建筑工业化的初步基础,开始大规模的基础设施建设。1956年,国务院发布了《关于加强和发展建筑工业的决定》,首次提出了建筑工业化的发展方向。1959年,我国引入了苏联装配式混凝土建筑技术,自此出现了装配式建筑发展的第一次高潮(图1.5、图1.6)。

图1.5　我国最早的装配式混凝土高层住宅-北京前三门大街高层住宅(1973年建成)

图1.6　1973年正在建造中的装配式混凝土壁板住宅(天坛小区,1973年)

到了20世纪70年代,我国初步创立了装配式建筑技术体系,如大板住宅体系、大模板住宅体系、框架轻板住宅体系。

1978年改革开放后,我国出现了一轮装配式建筑发展热潮,快速建立标准化体系,截至

1983 年共编制了 924 册建筑通用标准图集,并建设了一批大板建筑、砌块建筑(图 1.7)。以北京为例,这一时期建成的装配式住宅约 1 000 万 m^2。但这股热潮持续时间不长。到 20 世纪 80 年代末期,随着廉价劳动力涌入城市,商品混凝土的兴起,以及装配式住宅抗震问题、保温防水问题等凸显,混凝土现浇建筑逐步取代了问题较多的装配式建筑,装配式建筑的发展陷入停滞期。具有代表性的北京市住宅壁板厂(图 1.8)于 1991 年 2 月撤销建制,各地的预制构件厂相继停产或转产,主要产品转为道路、桥梁、地铁等市政构件。

图 1.7　我国首个 18 层全装配式大板住宅楼(1988 年建成)

图 1.8　北京市住宅壁板厂(1983 年)
亚洲最大的装配式住宅工厂(平均年产量 15.5 万 m^2)

1992 年,我国建筑技术发展研究中心在对全世界建筑工业化进行比较研究后,向建设部提出了"住宅产业及发展构想"的报告,首次提出了"住宅产业"的概念。1996 年,建设部颁布了《住宅产业现代化试点工作大纲》和《住宅产业现代化试点技术发展要点》两个试点文件后,明确提出了"推行住宅产业现代化,即用现代科学技术加速改造传统的住宅产业","住宅产业"的概念在我国逐步形成共识。1999 年,国务院办公厅发布了《关于推进住宅产业现代化提高住宅质量的若干意见》,住宅产业现代化(简称"住宅产业化")成为之后一段时期内我国促进住宅产业健康发展的代表性表述。随着产业现代化的影响从住宅领域逐步扩大到其他建筑领域,"住宅产业现代化"又逐步演变为"建筑产业现代化"(简称"建筑产业化")。住宅产业化的侧重点是全产业链、全系统的组织和全寿命周期的发展进程,是基于产业链上的各参与主体、全过程、各环节的资源整合和优化,表征为社会化大生产、社会化分工和合作。

1.2.3　我国装配式建筑的发展现状

我国装配式建筑一般以建筑结构材料分为装配式混凝土建筑、装配式钢结构建筑和装配式木结构建筑三个体系。目前,我国装配式建筑应用最多的是装配式混凝土结构,其次是钢结构,木结构应用较少。

我国发展装配式建筑是由住宅产业现代化逐步演变而来的,而且保障性住房项目是各级政府推动我国装配式建筑发展的重要手段,我国装配式建筑的发展主要集中在住宅领域,同时也向公共建筑等领域扩展。

2009 年,上海、深圳等地也发布了"装配整体式结构体系"的标准或规范[《预制装配整体式钢筋混凝土结构技术规范》(SJG18—2009)、《装配整体式混凝土住宅体系设计规程》(DG/T J08-2071—2010)]。2011 年,《国民经济和社会发展第十二个五年规划纲要》提出要在"十二五"期间建设 3 600 万套保障性住房。在此背景下,国家出台了一系列推进装配式建筑发展的政策文件,住建部推动并认定了一批国家住宅产业现代化综合试点(示范)城市和国家住宅产业基地,一些地方政府也出台了"面积奖励""成本列支""资金引导"等有利政策,我国的装配式建筑市场开始快速发展,装配式建筑结构体系也初步完善。

2013 年 1 月 1 日,国务院办公厅转发了国家发展和改革委员会、住房和城乡建设部《绿色建筑行动方案》(国办发〔2013〕1 号),其中提出了:"要加快建立促进建筑工业化的设计、施工、部品生产等环节的标准体系,推动结构件、部品、部件的标准化,丰富标准件的种类,提高通用性和可置换性。推广适合工业化生产的预制装配式混凝土、钢结构建筑等建筑体系,加快发展建设工程的预制和装配技术,提高建筑工业化技术集成水平。"

2015 年 12 月 20 日,中央城市工作会议中提出了推广装配式建筑,之后《中共中央国务院关于进一步加强城市规划建设管理工作的若干意见》和《关于大力发展装配式建筑的指导意见》等文件发布,装配式建筑成为推动我国建筑业发展的重要抓手。装配式建筑更加具象化,更易于宣传,但目前我国装配式建筑的内涵和外延意义与住宅产业现代化(建筑产业现代化)基本相同。

2016 年 9 月 30 日,国务院办公厅颁布了《关于大力发展装配式建筑的指导意见》(国办发〔2016〕71 号),文件中强调大力发展装配式混凝土建筑和钢结构建筑,在具备条件的地方倡导发展现代木结构建筑。国家发展改革委和住房城乡建设部联合发布《关于印发城市适应气候变化行动方案的通知》(发改气候〔2016〕245 号)积极地在地震多发地区推广钢结构和木结构建筑,并鼓励政府投资的学校、幼托、敬老院、园林景观等新建低层公共建筑采用木结构。

2021 年,中共中央办公厅、国务院办公厅印发的《关于推动城乡建设绿色发展的意见》中指出:大力发展装配式建筑,重点推动钢结构装配式住宅建设,不断提升构件标准化水平,推动形成完整产业链,推动智能建造和建筑工业化协同发展。

2022 年,住房和城乡建设部、国家发展改革委联合印发《城乡建设领域碳达峰实施方案》,明确 2030 年前城乡建设领域碳排放达到峰值。方案中提出:大力发展装配式建筑,推广钢结构住宅,到 2030 年装配式建筑占当年城镇新建建筑的比例达到 40%。就智能建造、绿色建筑、光伏建筑一体化、绿色低碳农房等提出相关要求。

1.3　装配式建筑的特点与优势

1.3.1　装配式建筑的特点

相对于混凝土现浇结构物的建造方式,装配式建筑在设计阶段、建造过程、管理体制上都具有独特的优势,在保证质量的同时,不仅能提高生产效率、改善施工环境,而且能显著优化工程质量和提高施工效益。

目前,学者们普遍认为装配式建筑具有以下特点:

1）系统性、集成性

装配式建筑的关键在于系统集成化,将主体结构、围护结构和内装部品、设备管线等前置集成为完整的体系,体现出其整体优势。对于预制构件来说,其集成的技术越多,后续的施工环节就越容易。

2）设计标准化、组合多样化

建筑行业实现产业化发展的关键是构件生产实现产业化,而生产是否能够实现产业化的关键是设计标准化。装配式建筑设计阶段应遵循"少规格,多组合"的设计原则,提高项目标准化程度,降低生产成本。

相对于混凝土现浇结构,装配式建筑的显著特点是模块化设计和生产,要求构件的类型、尺寸和材料等保持一致性,可极大地缩短设计周期,减少设计成本和造价,也可方便构件的制作、运输和安装,保证构件的质量,缩短施工周期。

3）工厂化生产

装配式建筑的构件先在工厂内完成生产制作,再运输到项目现场进行拼装。工厂化生产是通过整合生产资源,运用先进的生产设备,制造高质量的预制构件,从而减少项目现场的湿作业和环境污染。装配式建筑的核心特点就是构配件工厂化生产,它不仅具有大批量和高效率的特点,而且能最大限度地保证构配件的生产质量。

4）装配化施工

构件生产在工厂内完成,运输到项目现场再装配安装形成建筑主体。装配化施工有助于减少环境、工序等因素对项目施工的影响,让施工过程更加高效便捷。装配化施工与传统混凝土现浇作业相比,装配式建筑受气候和环境的影响较小。其显著特点是机械化程度高、现场工作量小、作业人员数量下降、安全事故率降低且施工效率显著提高,不仅节能环保,而且降低了对周围环境的干扰。

5）管理信息化

装配式建筑引入 BIM,RFID,VR 等先进信息化辅助技术,有助于提高项目可视化管理,减少尺寸误差、图纸错漏、设计变更等因素造成项目工期延期、质量不足、成本超支等问题。在建设项目全寿命周期中,相对于构件生产和安装来说,信息化管理也十分重要。信息化辅助技术是实现设计、施工、运营方全过程监控和信息化管理的重要工具,能极大地提高装配式建筑的工程质量和施工效率。

6）应用智能化

在信息化时代下,智能化是房屋产品的必然趋势。装配式建筑也必然会走智能化设计、智能化生产、施工以及智能化运维管理的路线,实现建设领域的技术创新、产品创新、管理创新和机制创新。

1.3.2　装配式建筑的优势

1）保证质量

预制构件由工厂统一生产制造,按照预制构件的工序,在封闭的生产流水线上生产。作业流程具有机械化、自动化程度高等特点,混凝土浇筑和养护、预留孔洞、钢筋绑扎连接等生产工艺在工厂严格按照标准生产,保证预制构件满足设计和装配要求,从而确保构件质量。工厂化生产的预制构件具有平整度高、尺寸准确、外观好等特点,并有质量检查记录、检查时间、生产计划等,具备良好的质量追溯,保障了构件生产质量。

2）缩短工期

楼梯、叠合板、柱、梁等构件在工厂生产,减少了施工现场浇筑工作量,省去了支护模板、墙面抹灰等工序,减少了施工时间、缩短项目整体工期。传统混凝土现浇的建造方式,受冬季寒冷天气和夏季梅雨天气的影响,施工进度慢,工期变长。而装配式建筑受冬季寒冷天气和夏季梅雨天气的影响较小,预制构件在工厂完成,保证项目工期,顺利完成生产。

3）节能环保

混凝土现浇作业,需要大量的材料、机械设备和施工人员,造成施工现场材料、机械、人员、物料管理难度大,同时对环境造成噪声污染、水污染、固体废弃物污染等。装配式建筑的构配件,在工厂流水线中生产制造,有效地减少了环境污染。装配式建筑构件预制完成后,通过可靠的连接方式进行拼接装配,从而减少了混凝土的损耗量,更加节能环保(图1.9、图1.10)。

4）安全可靠

混凝土现浇作业需要大量模板脚手架且高空作业和较多大型机械设备,施工现场人员流动大、机械设备进出场次多、施工环境复杂、安全隐患多,给施工项目安全管理带来了较大难度。在装配式建筑施工过程中,工厂生产的构件运输到施工现场后,由专业安装队伍按照施工标准完成装配,现场仅需要临时支撑,无须外围脚手架,施工现场干净整洁,大大降低了安全隐患。工厂化生产的预制构件具有精度高、平整度高等特点,可防止预制构件出现渗漏、露筋等质量问题,从而提高建筑物整体安全性、稳定性及防火性。

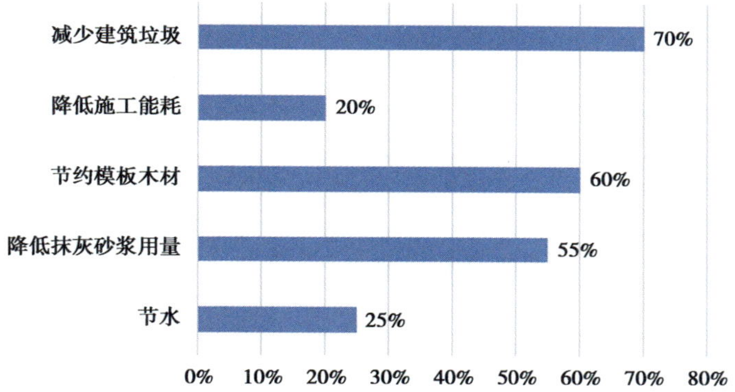

图 1.9　装配式混凝土结构建筑"四节一环保"

图 1.10　装配式钢结构建筑"四节一环保"

1.4　我国装配式建筑的未来展望

　　近年来,国家出台了很多有利于装配式建筑行业发展的政策,例如,2023 年 2 月中共中央、国务院印发了《质量强国建设纲要》,鼓励企业建立装配式建筑部品部件生产、施工、安装全生命周期质量控制体系,推行装配式建筑部品部件驻厂监造。

　　2022 年 3 月,《"十四五"建筑节能与绿色建筑发展规划》中指出,大力发展钢结构建筑,鼓励医院、学校等公共建筑优先采用钢结构建筑,积极推进钢结构住宅和农房建设,完善钢结构建筑防火、防腐等性能与技术措施。在商品住宅和保障性住房中积极推广装配式混凝土建筑,完善适用于不同建筑类型的装配式混凝土建筑结构体系,加大高性能混凝土,高强钢筋和消能减震、预应力技术的集成应用。

　　2022 年 1 月,住建部发布了《"十四五"建筑业发展规划》,提出大力发展装配式建筑,完善钢结构建筑标准体系,到 2035 年,国内装配式建筑占新建建筑的比例达 30% 以上。

　　从以上政策可以看出,装配式建筑具有广阔的发展空间。未来,中国装配式建筑将呈现出以下几个发展趋势：

(1) 标准化、模数化

随着装配式建筑的需求不断增加,建筑构件的标准化和模数化程度将不断提高,以提高生产效率,降低成本,方便施工。

(2) 工业化

装配式建筑的最大优势在于其工业化生产方式,未来中国装配式建筑将更加注重生产流程的优化和自动化,以提高生产效率和质量。

(3) 绿色化

绿色建筑是未来建筑业的发展趋势,装配式建筑将更加注重节能、环保、可再生能源等方面的应用,以实现可持续发展。

(4) 智能化

随着物联网、大数据等技术的应用,未来装配式建筑将更加注重智能化,实现信息化管理和智能化施工,以提高建筑的效率和品质。

总的来说,未来中国装配式建筑的发展前景广阔,将呈现出标准化、工业化、绿色化和智能化的趋势,同时也将面临挑战,如技术、人才等方面的不足。因此,需要不断加强技术研发、人才培养和产业协同,以推动中国装配式建筑的可持续发展。

复习思考题

1. 简述国外装配式建筑的发展历程。

2. 简述中国装配式建筑的发展历程。

3. 简述你对目前装配式建筑发展现状的理解和感受。

4. 如果你选择进入装配式建筑行业,你对自己的职业有哪些规划? 自己应提升哪方面的能力应对以后的工作? 结合这些问题写一篇800字的小论文。

5. 简述你认为未来的装配式建筑会向什么方向发展? 具体是怎样的? 会使我们的生活有哪些改变?

第 2 章　装配式建筑的类型

【本章内容】

本章简要介绍装配式建筑的类型,装配式混凝土结构、装配式钢结构、装配式木结构常用的建筑材料、结构构件以及构造等方面的内容。

【本章重点】

装配式混凝土结构常用的材料、结构构件以及构造等。

【延伸与思考】

爱岗敬业是从业者对待自己职业的一种态度,也是一种内在的道德需要。对于装配式建筑这一新兴行业来说,从业者应热爱自己的工作岗位、对工作求真务实、敬重自己所从事职业的道德操守。

2.1　装配式建筑的分类

装配式建筑的分类方式如下:

1)按结构材料分类

装配式建筑按结构材料分,可分为装配式钢结构建筑、装配式木结构建筑、装配式混凝土建筑、装配式轻钢结构建筑和装配式复合材料建筑(钢结构、轻钢结构与混凝土结合的装配式建筑)等。

2)按建筑高度分类

装配式建筑按建筑高度分,可分为低层装配式建筑、多层装配式建筑、高层装配式建筑和超高层装配式建筑。

3)按结构体系分类

装配式建筑按结构体系分,可分为框架结构、框架-剪力墙结构、筒体结构、剪力墙结构、无梁板结构、空间薄壁结构、悬索结构、预制钢筋混凝土柱单层厂房结构。

4)按预制率分类

装配式建筑按预制率分,可分为超高预制率(70%以上)、高预制率(50%~70%)、普通预制率(20%~50%)、低预制率(5%~20%)和局部使用预制构件(0%~5%)几种类型。

不同的装配式建筑类型决定了建筑材料的多样性。目前,装配式建筑主要有3种形式:

装配式钢结构建筑、装配式木结构建筑和装配式混凝土建筑。

2.2 装配式钢结构建筑

根据 CSA（加拿大标准协会）标准的解释，钢结构建筑是以钢材为结构构件加上相应的连接件和相关建筑部品组装而成的完整的建筑实体。

装配式钢结构建筑与传统的建筑形式相比，主要具有以下特点：

①强度高、自重轻、承载力高。因为钢的强度和刚度比钢筋混凝土高几倍，所以使用钢结构建筑结构体系其重量约为钢筋混凝土住宅的1/2，大大减小了房屋自重，构件截面较小，也增大了建筑物的可用空间。

②抗震性能优越。因为钢材是弹性变形材料，能大大提高建筑的安全可靠性。抗侧刚度大和建筑结构自重的减小也有利于提高抗震性能，并且地震后方便及时更换损伤构件。

③缩短施工工期、减少劳动力、提高工程质量及施工效率、降低安全隐患。装配式钢结构构件大多在工厂先预制好后运到现场安装。现场机械化程度高和作业量大大减少，对应的现场劳动力也大大减少、安全事故隐患大大减少、施工工期大大缩短和施工中产生的废水、噪声和扬尘也大大减少。

④空间布置灵活、可模数化设计、集成化程度高、延长建筑寿命。

⑤绿色环保，保护环境，化解钢铁行业过剩产能，可持续发展。钢材属于可二次回收再利用的材料，建造和拆除时对环境污染小，其节能指标可达 50% 以上，属于绿色环保建筑材料。

⑥可实现住宅建设的工业化和产业化，综合经济效益高。

2.2.1 装配式钢结构建筑材料

按照装配式钢结构建筑的构成分，可分为结构系统、外围护系统、内装系统、设备管线系统 4 个部分。其中，结构系统为主要受力构件，主要包括梁柱体系、楼板体系、楼梯体系 3 个部分；外围护系统主要起围护内部结构构件与抵抗外界水平力和保温隔热等作用，主要包括建筑外墙、屋面、外门窗及附属物，见表 2.1 和表 2.2。

表 2.1　装配式钢结构建筑构成

结构系统	外围护系统	内装系统	设备管线系统
梁柱、楼板、楼梯	建筑外墙、屋面、外门窗及附属物	楼地面、墙面、轻质隔墙、吊顶、内门窗、厨房、卫生间等组合	给水排水、供暖通风空调、电气和智能化、燃气等设备与暖线组合

装配式钢结构建筑提倡采用非砌筑墙体，采用工厂预制墙板。目前，常用的墙板有轻质

蒸压加气混凝土板、轻钢龙骨类复合墙板、发泡陶瓷墙板、混凝土空心墙板、金属面板、夹心墙板等。

（1）轻质蒸压加气混凝土（简称"ALC 板"）

蒸压加气混凝土是由磨细的硅质材料（河砂、粉煤灰、石英尾矿粉、页岩等）、钙质材料（水泥、石灰等）、冷拔钢筋网架、发气剂（铝粉）和水等搅拌、浇筑、发泡、静停、切割和蒸压养护而成的多孔轻质实心混凝土制品。由于采用蒸压养护工艺，故称为蒸压加气混凝土。ALC 板用于建筑非承重墙体。

（2）轻钢龙骨类复合墙板

轻钢龙骨平板墙体是指以轻钢龙骨为骨架，以 4~25 mm 厚的建筑平板为罩面板，内部可铺设岩棉、玻璃棉等隔声、隔热材料所形成的非承重轻质墙体，主要应用于公共建筑的内隔墙、隔断工程。外挂面板产品包括硅酸钙板、纸面石膏板以及类似的材料和工艺制得的板材。目前行业内应用得最多的是硅酸钙板，硅酸钙板由水泥、石英粉、硅灰石、石灰、木质素纤维等原料经过制浆、成型、蒸养等工艺加工而成。材料经过 180 ℃ 的高温、高压养护，激发原料中硅质-钙质材料的活性，促进水化反应的进行，生成的主要水化产物为托贝莫来石晶体。从微观结构来看，硅酸钙板是由反应产生的胶结体将反应物一层一层地黏结在一起的宏观表现。轻钢龙骨类复合墙板用于建筑非承重墙体。

（3）发泡陶瓷墙板

发泡陶瓷墙板是由瓷砖抛光渣、矿渣、钢渣等材料按比例配制而成的，用球磨机磨细加发泡剂搅拌均匀，喷雾干燥，干铺入模，入隧道窑，经 1 200 ℃ 高温烧结，切割成需要厚度的多孔实心板材，烘干，包装，发货。原料在隧道窑中经过烘干、烧结、降温长达 50 h 的烧制过程，最终得到成品。在工厂调查研究中发现，烧结发泡陶瓷墙板所用的原料需要经过严格的筛选控制，对原料的成分要求严格，进场的原料（即每个陶瓷厂的抛光渣）需按不同厂家分别堆放，烧成温度和时间也要经过严格控制。发泡陶瓷墙板用于建筑非承重墙体。

（4）混凝土空心墙板

混凝土空心墙板是一种以水泥为胶凝材料，以砂、石和适量的建筑废弃物为集料、适量钢筋等为增强材料，经挤压成型机一次挤压成型或者成组立模浇筑成型、自然养护而成的，沿板长方向有若干贯通长孔的混凝土轻质条板。混凝土空心墙板可用于工业与民用建筑的非承重墙体结构。

（5）金属面板夹心墙板

金属面板夹心墙板的两侧用金属材料形成面层，中间夹以保温隔热材料的复合墙板。

表 2.2　装配式钢结构建筑配套部品部件分类明细表（部分）

类号	功能类别	序号	工序类别	部品类别	类号	功能类别	序号	工序类别	部品类别
C01	场平功能	C0101	场景布置	临建房屋	C05	机电系统	C0501	给水排水	供水设备
				施工围挡					仪表
				施工大门					阀门
				洗车设备					污水系统
				旗杆					供水设备
		C0102	安全文明施工	钢筋加工棚			C0502	供热供暖	散热器
				场内交通设施					配电箱
				户外安保岗亭			C0503	电气系统	接线盒
				成品马道					桥架线槽
				脚手架					灯具灯饰
				配电箱房防护栏			C0504	通风及空调	通风系统
				临边防护栏					空调系统
				降尘喷雾机			C0505	消防系统	消防水系统
				环境监测设备					锅炉房水灭火喷雾系统
		C0103	施工设备与机械	塔吊					配电室气体灭火系统
				吊车					消防分区及隔断系统
				施工电梯					消防报警及控制系统
				施工吊篮			C0506	管线综合	综合支吊架
				钢筋加工设备			C0507	弱电系统	可视对讲门禁系统
		C0104	施工机具	测量仪器					户内呼叫报警系统
				手动工具					小区周边数报警系统
				电动工具					闭路电视监控系统
		C0105	可视化与信息化	监控系统					保安巡更系统
				闸机					停车场管理系统
C02	基坑基础	C0201	基础	地下外墙支撑			C0508	智能家具	小区背景音乐系统
				模板					智能家居

代码	大类	代码	子类	细项
C03	主体钢构	C0301	钢结构	方木
				套筒
				钢结构梁柱
		C0302	楼梯	钢结构楼梯
				楼梯踏步
				预制 PC 楼梯
		C0303	钢板剪力墙	组合钢板剪力墙
				延性钢板剪力墙
		C0304	阻尼器与屈曲支撑	阻尼器
				屈曲支撑
		C0305	楼板	钢筋框架叠合楼承板
				叠合楼板
				预应力 PK 叠合楼板
				楼板支撑及模型
C04	围护墙体	C0401	外墙	AAC 砂加气条板
				PC 外墙板
				保温装饰一体型
				砂加气砌块
		C0402	内墙	砂加气混凝土轻质隔墙
				泡沫混凝土轻质隔墙
				中空轻质隔墙板
		C0403	门窗	窗户
				单元门
				入户门
				防火门
C07	室外装配	C0701	小区配套	小区标识路牌
				车库标识路牌
				信报箱
				栏杆扶手

代码	大类	代码	子类	细项
		C0509	乘用电梯	客用电梯
				架空地板
C06	装饰装修	C0601	地面装饰	瓷砖
				石材
		C0602	墙面装饰	轻钢龙骨
				水泥压力板
		C0603	顶面装饰	吊顶龙骨
				石膏板
		C0604	卫生间	整体卫浴
				卫生洁具
				卫浴五金
				热水器
		C0605	厨房	橱柜
				烟机
				灶具
		C0606	家具	沙发
				茶几
				餐桌
				餐椅
				床
				床头柜
				衣柜
				书柜
				电视柜
				鞋柜
C08	园林景区	C0801	园林绿化	乔木苗木
				灌木苗木
		C0802	小区照明	小区路灯

2.2.2 装配式钢结构构造

目前,装配式钢结构建筑主要有钢管混凝土装配式建筑体系、新型模块化钢结构、钢管混凝土组合异形柱结构、整体式空间钢网格盒式结构、钢管束组合剪力墙结构几种体系。

(1)钢管混凝土装配式建筑体系

该体系以钢管混凝土为基本受力构件,同时设置钢板、核心筒、钢支撑等抗侧力构件。其围护结构以轻质混凝土砌块或新型轻质墙板为主。新型轻质墙板根据构造方式分为内嵌式、外挂式以及嵌挂结合式。内嵌式墙板需要设置钢支撑,施工工序复杂,限制了其应用推广。常用的外挂式墙板有轻质混凝土夹芯板、太空复合板、增强夹芯板。嵌挂结合板有 DK 复合板、ALC 板等。

该体系使用装配化的楼板,免去了支模施工工序,实现了部分装配化。

与传统的钢柱建筑和钢筋混凝土建筑相比,装配率达到 70%。力学性能、抗震性能和热工性能均优良,具有节省钢材、降低造价、施工工期短等优点。但是,钢管混凝土装配式结构没有实现主体结构系统与外围护系统、内部管线设备系统的一体化建造。楼板施工中的水电管线等设备大都需要敷设在现浇层内,还有待研究开发。

(2)新型模块化钢结构

新型模块化钢结构建筑体系一般用于工业建筑,装配率超过 90%。该体系目前主要有模块化可建模式和盒子建筑两大类。

模块化钢结构建筑体系的主体结构包括装配式主板和斜向支撑。装配式主板由工厂预制好,并与斜向支撑立柱共同组成空间受力体系。装配式主板由压型钢板组合板、支撑钢桁架组成。装配式主板内部嵌入空调、消防、水电等管线设备。该体系具有施工速度快、现场安装无垃圾等优点。同时,建筑户型以及门窗的位置可自由改变。但该结构还存在结构受力构件裸露以及隔音效果差等问题。

盒子建筑是先将传统建筑房间按功能区域进行划分,由工厂提前预制好模块的立柱、墙体、楼板、门窗等构件,然后将箱型模块运输到现场进行整体吊装组合,其装配化程度高,建筑自重轻,工期短。盒子建筑在国内应用较少,目前还处于研究阶段。对工厂要求较高,由于盒子建筑的构件尺寸较大,运输、吊装、施工都有困难,成本问题也是制约原因。

(3)钢管混凝土组合异形柱结构

钢管混凝土组合异形柱建筑体系通过竖向构件相互连接,并按设计要求设置纵横向加劲肋。从而能够使各异形柱之间形成有效的空间格构式整体结构,相互之间协同工作,具有很强的抗震能力。异形柱的截面尺寸较小,方便隐藏在墙体内部,房间布置灵活;钢管混凝土组合异形柱较常规混凝土墙柱,承载力和构件延性更好,施工效率更高;在地震多发地区,对建筑抗震要求较高,采用型钢混凝土异形柱,不但能美化建筑空间,也具有良好的抗震性能。该结构体系具有以下缺点:较常规钢结构,用钢量增大;较常规钢管混凝土柱,由于此类构件空腔数量较多,截面较小,因此,对混凝土作业的质量要求更高,人工及材料成本有一定的上升;组合截面在工厂生产过程中,在具备完整的机械化生产线前,人工及时间成本较高,且焊接次数较多,焊缝较多,质量较难控制,同时检测成本也相应提高,可用于小高层项目中。

(4)整体式空间钢网格盒式结构

空间钢网格盒式结构多应用于高层建筑中,如图 2.1 所示。空间钢网格(单层、双层空腹)力学效应等效为空间网格板,竖向与横向的空间网格板组成空间网格盒式结构,它具有"板"的力学效应。空间钢网格板,由工厂焊接或拼装单元,在节间中央弯矩最小处采用高强螺栓等强连接后形成整体,现场可杜绝电焊,防止火灾。空间钢板网格结构或钢框架-核心筒结构作为竖向承重外墙及分户墙,横向钢网格楼盖作为建筑楼板,两者连接后其结构形式就形成了三维受力结构。空间钢板网格结构或钢框架-核心筒结构可根据建筑功能自由划分,居室布置比较灵活。

　　(a)唐山新型盒式结构建成实景　　　　　(b)多层大跨度钢网格盒式结构实例

图 2.1　钢网格盒式结构实例

(5)钢管束组合剪力墙结构

该体系由钢管束剪力墙作为竖向承重构件,钢筋桁架作为楼板体系,如图 2.2 所示。在钢管束内浇筑混凝土,使钢管束和混凝土协同工作。同时,可根据需要将钢管任意排列,解决了梁柱在室内容易暴露的问题。其缺点是用钢量多,施工工作量大。

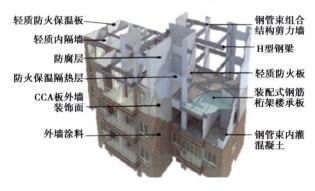

图 2.2　钢管束组合剪力墙结构体系

2.3　装配式木结构建筑

装配式木结构是指以木材为主要受力体系的工程结构。与其他材料建造的结构相比，木结构具有资源再生、绿色环保、保温隔热、轻质、美观、建造方便、抗震和耐久等许多优点。现代装配式木结构建筑与我国传统的木结构建筑相比，虽然主要材料都是木材，但是在结构体系、建筑材料、连接方式上有本质的区别。

从建筑结构上看，传统的木结构建筑主要采用梁柱式的建筑体系，而现代木结构选择更加宽泛，可采用方木原木结构、胶合木结构和轻型木结构；从建筑材料上看，传统的木结构多采用未经加工的原木，而现代木结构使用的木材大多是经过一系列加工处理后的，木材材料和规格也会有所不同，现代木结构材料不仅是天然木材，还有许多新型木产品，如结构胶合材、层板胶合木、工字型梁和木桁架等；从连接方式上看，传统木结构基本上采用了榫卯连接，而现代木结构的连接处是由金属连接件连接而成的。

2.3.1　装配式木结构建筑材料

木材及其制品、胶黏剂、防腐剂、连接件是装配式木结构建筑的主要材料及配件。

1）常用的木材及木制品

装配式木结构建筑常用的木制品类型见表2.3。结构用材按其加工方式的不同主要分为原木、锯材和胶合材三类。

原木是指伐倒后并除去树皮、树枝和树梢的树干。由原木锯制而成的任何尺寸的成品材或半成品材称为锯材。

胶合木是一种由木材和胶合剂经过特殊处理和加工制成的复合木材。

木制品或工程木产品主要包括木基结构板（包括结构胶合板和定向木片板）、工字形木搁栅和结构复合材（包括旋切胶合板和旋切胶合木）。

表2.3　装配式木结构建筑常用的木制品类型

序号	类型		定义
1	原木		伐倒并除去树皮、树枝和树梢的树干
2	锯材	板材	宽度为厚度的3倍或3倍以上矩形锯材
		方木	直角锯切且宽厚比小于3的、截面为矩形（包括方形）的锯材
3	胶合木	结构复合木材	将原木旋切成单板或切削成木片，施胶加压而成的一类木基结构用材，包括旋切板胶合木、平行木片胶合木、层叠木片胶合木及定向木片胶合木等
		层板胶合木	以厚度不大于45 mm的胶合木层沿顺纹方向叠层胶合而成的木制品

2）装配式木结构建筑中常用的构件

（1）墙骨柱

轻型木结构房屋墙体中按一定间隔布置的竖向承重骨架构件。

（2）木基结构板剪力墙

面层采用木基结构板材或石膏板,墙骨柱或间柱采用规格材、方木或胶合木构成,用于承受竖向和水平作用的墙体。

（3）木骨架组合墙体

在由规格材制作的木骨架外部覆盖墙面板,并可在木骨架构件之间的空隙内填充保温隔热及隔声材料而构成的非承重墙体。

（4）搁栅

一种截面尺寸较小的受弯木构件(包括工字形木搁栅),用于楼盖或屋盖,分别称为楼盖搁栅或屋盖搁栅。

（5）工字形木搁栅

工字形木搁栅采用锯材或结构用复合材作为翼缘,定向木片板或结构胶合板作为腹板而制作的工字形截面受弯构件。

（6）木骨架

木骨架组合墙体中按一定间距布置的非承重的规格木骨架构件。

（7）齿板

齿板经表面处理的钢板冲压成带齿板,用于轻型桁架节点连接或受拉杆件的接长。

（8）轻型木桁架

轻型木桁架采用规格材作为桁架杆件,用齿板在桁架节点处将各杆件连接而形成的木桁架。

（9）组合桁架

组合桁架主要用于支承轻型木桁架的桁架。一般由多榀相同的轻型木桁架组成。

（10）悬臂桁架

桁架端部上弦杆与下弦杆相交面的外端位于支座边沿外侧的桁架。

（11）金属连接件

金属连接件用于固定、连接、支承木桁架或木构件的专用金属构件。如梁托、螺栓、柱帽、直角连接件、金属板条等。

（12）抗拔锚固件

将墙体边界构件的上拔力传递到支承剪力墙的基础、梁或柱,或者传到剪力墙体上面或下面相应的弦杆构件上的连接件。

（13）组合梁

组合梁是由规格材或工程木产品组合制成的梁。

（14）组合柱

组合柱由规格材或工程木产品组合制成的柱。

（15）地梁板

将防腐处理的规格材制成的水平结构构件沿基础墙顶水平放置,锚固于基础梁的顶部,并支撑其上面的楼盖隔栅。

（16）钉板

钉板用于桁架节点连接的经表面镀锌处理的带圆孔金属板。连接时采用圆钉固定在杆件上。

（17）结合板

结合板用于桁架部分节点在施工现场进行连接的经表面镀锌处理的钢板,经冲压成一半带齿,另一半带圆孔的金属板。

2.3.2　装配式木结构构造

现代装配式木结构的常见结构体系有井干式木结构、轻型木结构、梁柱-支撑木结构、梁柱-剪力墙结构、CLT 剪力墙以及核心筒-木结构等,见表 2.4。

表 2.4　现代装配式木结构的常见结构体系

名称	井干式木结构	轻型木结构	梁柱-支撑	梁柱-剪力墙	CLT 剪力墙	核心筒-木结构
低层建筑						
多层建筑						
高层建筑						
大跨建筑	网壳结构、张弦结构、拱结构及桁架结构					

木结构连接形式有很多,有特定的木与木的连接,如斗拱、榫卯、齿和销等;而现代木结构中更多的则是通过钢板及螺栓、钉、销等将木构件联系起来。连接的破坏形式有很多,随连接方式的变化而变化,设计人员必须精心设计,在特定的部位使用最合适的连接方式,以保证连接的安全性。现代木结构连接主要有以下几种类型:钉连接、螺钉连接、螺栓连接、销连接、齿板连接、裂环与剪板连接和植筋连接,其中,前四类可统称为销轴类连接,也是现代木结构中最常见的连接形式,如图 2.3 所示。

（a）螺钉连接　　　　　　　　（b）螺栓连接　　　　　　　　（c）销连接

（d）齿板连接　　　　　　　　　（e）裂环与剪板连接　　　　　　　　　（f）植筋连接

图2.3　木结构的常见连接方式

1）齿连接

齿连接是用于传统的普通木桁架节点的连接方式。将压杆的端头做成齿形，直接抵承于另一杆件的齿槽中，通过木材承压和受剪传力。为了提高其可靠性，压杆的轴线须垂直于齿槽的承压面，并通过承压面的中心，这样使压杆的垂直分力对齿槽的受剪面有压紧作用，从而提高木材的抗剪强度。如图2.4所示，齿连接有单齿连接和双齿连接两种形式。

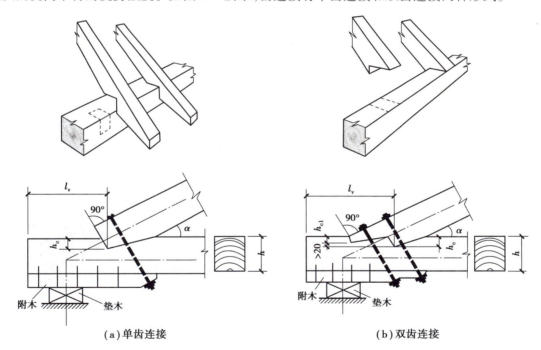

（a）单齿连接　　　　　　　　　　　　　　（b）双齿连接

图2.4　木结构齿连接形式

2）螺栓连接和钉连接

在木结构中，螺栓和钉的工作原理是相同的。螺栓和钉阻止构件的相对移动，使得孔壁承受挤压，螺栓和钉主要承受剪力。当剪力较大时，如果螺栓和钉材料的塑性较好，则会弯曲。为了充分利用螺栓和钉受弯、与木材相互之间挤压的良好性，避免因螺栓和钉过粗、排列过密或构件过薄而导致木材被剪坏或劈裂，在构造上对木材的最小厚度、螺栓和钉的最小排列间距等需作规定。在螺栓群连接中，即一个节点上有多个螺栓共同工作时，沿受力方向

23

布置的多个螺栓中受力分布是不均匀的,端部螺栓比中间螺栓承受更大的力,而螺栓群总体承载力又小于单个螺栓的承载力。钉连接在这方面也具有与螺栓同样的性质。木结构的螺栓连接和钉连接如图2.5所示。

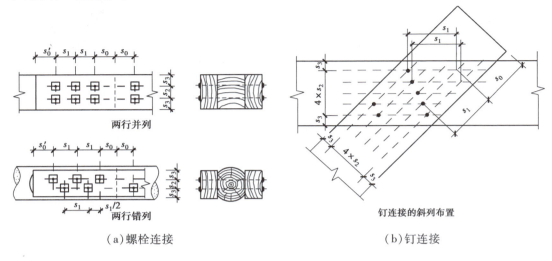

（a）螺栓连接　　　　　　　　　（b）钉连接

图 2.5　木结构的螺栓连接和钉连接

3）齿板连接

齿板在表面已经处理过的钢板作用下形成带齿板,这种板主要用于轻型木结构中桁架节点的连接或受拉杆件的加长,如图2.6所示为典型齿板。

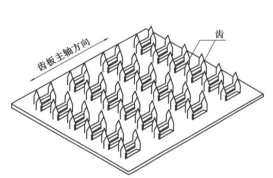

图 2.6　典型齿板

2.4　装配式混凝土建筑

装配式混凝土建筑是指建筑的结构系统由混凝土部件(预制构件)构成的装配式建筑。

2.4.1　装配式混凝土建筑材料

装配式混凝土建筑由结构主材、连接材料、预埋件以及辅助材料等组成。

1）**结构主材**

结构主材有混凝土、钢材等。

（1）混凝土

混凝土是由胶凝材料、粗骨料、细骨料、水（必要时可加入外加剂和掺合料）按一定比例配合，经搅拌、浇筑、养护硬化而成的具有一定强度的人造石材。在装配式混凝土结构中，混凝土主要用于制作预制混凝土构件和现场后浇。根据《装配式混凝土结构技术规程》（JGJ 1—2014）的要求，预制构件的混凝土强度等级不宜低于 C30；预应力混凝土预制构件的强度等级不宜低于 C40，且不得低于 C30；现浇混凝土的强度等级不得低于 C25。

（2）钢材

在装配式混凝土结构建筑中，用到的钢材主要有钢筋、型钢、钢丝和钢绞线等。钢筋主要是指钢筋混凝土和预应力钢筋混凝土的钢材。钢筋种类见表 2.5。型钢是一种有一定截面形状和尺寸的条形钢材。需要注意的是，在装配式混凝土建筑结构设计时，考虑到连接套筒、浆锚螺旋筋、钢筋连接和预埋件相对现浇结构拥挤，宜选用大直径高强度钢筋，以减少钢筋根数，避免间距过小对混凝土浇筑的不利影响。钢筋的力学性能指标应符合行业标准《混凝土结构设计规范（2015 年版）》（GB 50010—2010）。在预应力装配式混凝土构件中会用到预应力钢丝、钢绞线和预应力螺纹钢筋，其中预应力钢绞线较常见。当预制构件的吊环用钢筋制作时，按照《装配式混凝土结构技术规程》（JGJ 1—2014）的要求，应采用未经冷加工的 HPB300 级钢筋制作。

表 2.5　钢筋种类

序号	分类方式	类别	适用范围
1	轧制外形	光圆钢筋	HPB300 级钢筋均轧制为光面圆形截面，直径不大于 10 mm，长度为 6～12 m
		带肋钢筋	有螺旋形、人字形和月牙形 3 种，一般 HRB400 级钢筋轧制成人字形，HRB500、HRBF500 级钢筋轧制成螺旋形和月牙形
		钢线	分低碳钢丝和碳素钢丝两种钢绞线
		冷轧扭钢筋	经冷轧并冷扭成型
2	直径大小	钢丝	直径为 3～5 mm
		细钢筋	直径为 6～10 mm
		粗钢筋	直径>22 mm
3	强度等级	HPB300 级钢筋	300/420 级
		HRB335 级钢筋	335/455 级
		HRB400 级钢筋	400/540 级
		HRB500 级钢筋	500/630 级

续表

序号	分类方式	类别	适用范围
4	生产工艺	热轧、冷轧、冷拉的钢筋,还有以 HRB500、HRBF500 级钢筋经热处理而成的热处理钢筋,强度比前者更高	
5	在结构中的用途	受压钢筋、受拉钢筋、架立钢筋、分布钢筋、箍筋等	

2)连接材料

连接材料包括灌浆套筒、注胶套筒、机械套筒、套筒灌浆料、浆锚孔波纹管、浆锚搭接灌浆料、浆锚孔螺旋筋、灌浆导管、灌浆孔塞、灌浆堵缝材料、夹芯保温构件拉结件、钢筋锚固板等。

(1)灌浆套筒及封缝料、灌浆料

套筒灌浆为预制构件主要连接方式之一。材料主要有灌浆套筒、套筒灌浆料等。灌浆套筒常见的材质有碳素结构钢、合金结构钢、球墨铸铁。

灌浆套筒可分为全灌浆套筒和半灌浆套筒。全灌浆套筒是指接头两端均采用灌浆方式连接钢筋的灌浆套筒;半灌浆套筒是指接头一端采用灌浆方式连接,另一端采用非灌浆方式连接钢筋的灌浆套筒,通常另一端采用螺纹连接,如图 2.7 所示。

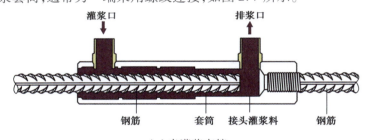

(a)半灌浆套筒

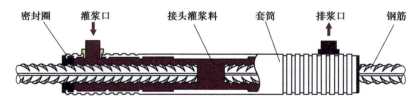

(b)全灌浆套筒

图 2.7　灌浆套筒

钢筋连接用套筒灌浆料是以水泥为基本材料,配以细骨料,以及混凝土外加剂和其他材料组成的干混料,加水搅拌后具有良好的流动性、早强、高强、微膨胀等性能,填充于套筒和带肋钢筋间隙内的干粉料,简称套筒灌浆料。钢筋连接用套筒灌浆料多采用预拌成品灌浆料。产品运输和贮存时不应受潮和混入杂物;产品应贮存在通风、干燥、阴凉处,运输过程中应注意避免阳光长时间照射。

灌浆堵缝材料以水泥为胶结材料,配以复合外加剂和高强骨料,现场加水搅拌后即可使用,具有无收缩、高强、易施工等特性。灌浆堵缝料可以进行分仓。根据灌浆工艺确定分仓部位。分仓在构件安装固定后进行。分仓用封堵料宽度≥20 mm,封堵高度为接缝高度。

(2)机械套筒

钢筋机械套筒又称为钢筋接头,是用于传递钢筋轴向拉力或压力的钢套管。套筒按钢筋机械连接接头类型可分为直螺纹套筒、锥螺纹套筒和挤压套筒,如图2.8 所示。直螺纹套筒又可分为镦粗直螺纹套筒、剥肋滚轧直螺纹套筒和直接滚轧直螺纹套筒。

挤压前　　　　挤压后

（a）直螺纹套筒　　　　　　　　　　　（b）挤压套筒

图 2.8　机械套筒

(3)浆锚孔波纹管及螺旋箍筋

钢筋浆锚连接是在预制构件中预留孔洞,受力钢筋分别在孔洞内外通过间接搭接实现钢筋之间应力的传递。钢筋浆锚连接需要用到的材料主要有浆锚孔波纹管（图2.9）、螺旋箍筋。

图 2.9　预埋金属波纹管

(4)夹心保温构件拉结件

外墙保温拉结件是用于连接预制保温墙体内、外层混凝土墙板,传递墙板剪力,以使内、外层墙板形成整体的连接器。拉结件宜选用纤维增强复合材料或不锈钢薄钢板加工制作。如图2.10 所示为预制夹心保温墙断面及拉结件示意图。

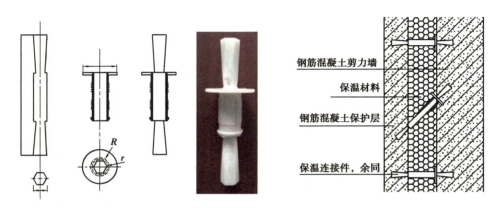

图 2.10   预制夹心保温墙断面及拉结件示意图

(5) 钢筋锚固板

钢筋锚固板是设置在钢筋端部,用于锚固钢筋的承压板,如图 2.11 所示。锚固板分类见表 2.6。其中,按受力性能主要分为部分锚固板和全锚固板。部分锚固板是依靠锚固长度范围内钢筋与混凝土的黏结作用和锚固板承压面的承压作用共同承担钢筋规定锚固力的锚固板。全锚固板是指全部依靠锚固板承压面的承压作用承担钢筋规定锚固力的锚固板。

图 2.11   混凝土预制柱上的钢筋锚固板

表 2.6   锚固板分类

分类方法	类别
按材料分	球墨铸铁锚固板、钢板锚固板、锻钢锚固板、铸钢锚固板
按形状分	圆形、方形、长方形
按厚度分	等厚、不等厚
按连接方式分	螺纹连接锚固板、焊接连接锚固板
按受力性能分	部分锚固板、全锚固板

3）辅助材料

辅助材料主要包括内埋式材料、防水密封材料、保温材料、表面装饰材料等。

(1)内埋式材料

内埋式材料常见的有内埋式金属螺母[图2.12(a)]、内埋式吊钉[图2.12(b)]、内埋式吊环[图2.12(c)]、内埋式塑料螺母、内埋式螺栓、预埋线盒[图2.12(d)]等。

（a）内埋式金属螺母

（b）内埋式吊钉　　　　　　　　　　（c）内埋式吊环

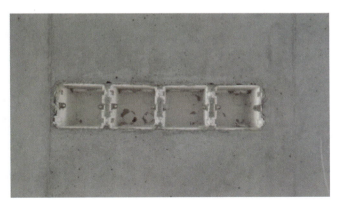

（d）预埋线盒

图 2.12　常见内埋式材料

(2)防水密封材料

PC 建筑是由构配件拼装组成的,会留下大量的拼装接缝,这些接缝很容易成为水流渗透的通道,因此防水密封材料是 PC 外墙拼接缝防水的第一道防线,其选择至关重要。防水密封材料主要包括建筑密封胶、密封胶条。其中,以建筑密封胶为主。常用的建筑密封胶包括聚氨酯密封胶(PU)、硅烷改性聚醚密封胶(MS)(图 2.13)、硅酮密封胶(SR)等。建筑密封胶应具有以下特点：

①建筑密封胶应与混凝土具有相容性。

②应具有较好的弹性，可压缩比率大。

③具有较好的耐候性、环保性和可涂装性。

④接缝中的背衬可采用发泡氯丁橡胶或聚乙烯塑料棒。

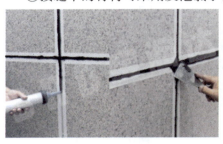

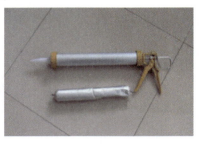

（a）打胶施工　　　　　　（b）双组分 MS 胶　　　　　　（c）单组分 MS 胶

图 2.13　常用硅烷改性聚醚密封胶

PC 外墙拼接缝分为水平缝和垂直缝，常用的防水密封方法有两种，即结构防水和材料防水。

结构防水是在拼接缝的背水面，根据墙板的构造、功能的不同，采用密封条或现浇混凝土形成二次密封，两道密封之间形成空腔，起防水作用。

材料防水是在接缝的迎水面，主要是在墙板上预留形成的高低缝、企口等部位，填充密封材料进行防水密封。

（3）保温材料

外墙保温材料依据材料的性质分，可分为有机材料、无机材料和复合材料。不同的保温材料性能各异，材料的导热系数的数值大小是衡量保温材料的重要指标。

装配式混凝土建筑中，夹心外墙板中的保温材料，其导热系数不宜大于 0.040 W／（m·K），体积比吸水率不宜大于 0.3%。如图 2.14 所示，常用的夹心外墙板保温材料有聚苯板（EPS 板）、挤塑板（XPS 板）、石墨聚苯板、泡沫混凝土板、发泡聚氨酯板、真空绝热板等。

（4）表面装饰材料

当装配式建筑采用全装修方式建造时，还可用到面层装饰材料。面层装饰材料应符合以下要求：

①石材、面砖、饰面砂浆及真石漆等外装饰材料应有产品合格证和出厂检验报告，质量应满足现行相关标准要求。装饰材料进厂后应按规范的要求进行复检。

②石材和面砖应按照预制构件设计图编号、品种、规格、颜色、尺寸等分类标识存放。

③当采用石材或瓷砖饰面时，其抗拔力应满足相关规范及安全使用要求。当采用石材饰面时，应进行防返碱处理。厚度在 25 mm 以上的石材宜采用卡件连接。瓷砖背沟深度应满足相关规范要求。面砖采用反打法时，使用黏结材料应满足现行相关标准的要求。

（a）聚苯板　　　　　　　　　　　（b）挤塑板

（c）石墨聚苯板　　　　　　　　　　（d）泡沫混凝土板

图 2.14　常用的夹心外墙板保温材料

2.4.2　装配式混凝土结构构件

装配整体式混凝土剪力墙结构的主要预制构件有预制外墙板［图 2.15（a）］、预制叠合楼板［（图 2.15（b）］、预制阳台板［图 2.15（c）］、预制内墙板［图 2.15（d）］、预制连梁、预制楼梯［图 2.15（e）］、预制空调板［图 2.15（f）］等。

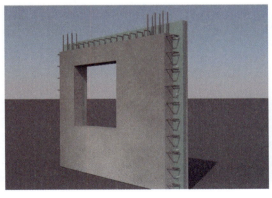

（a）预制外墙板　　　　　　　　　　（b）预制叠合楼板

（c）预制阳台板 　　　　　　　　（d）预制内墙板

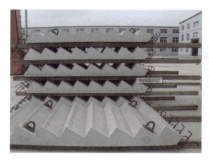

（e）预制楼梯 　　　　　　　　　（f）预制空调板

（g）预制柱 　　　　　　　（h）预制 U 形叠合梁

（i）预制梁 　　　　　　　　（j）预制外挂墙板

图 2.15　装配整体式混凝土的主要预制构件

装配整体式混凝土框架结构的主要预制构件有预制柱［图 2.15（g）］、预制梁［图 2.15（h）、（i）］、叠合楼板、预制外挂墙板［图 2.15（j）］、预制楼梯等。

1）预制混凝土柱

从制造工艺上看,预制混凝土柱包括预制混凝土实心柱和预制混凝土空壳柱两种形式。预制混凝土柱在工厂预制完成,为了结构连接的需要,需在端部留置插筋。

2）预制混凝土梁

预制混凝土梁在工厂预制完成,有预制实心梁和预制叠合梁两种。为了结构连接的需要,预制梁在端部需要留置锚筋,如图 2.15（h）、（i）所示。叠合梁箍筋可采用整体封闭箍或组合式封闭箍筋。组合式封闭箍筋是指 U 形上开口箍筋和 U 形下开口箍筋,共同组合形成的封闭箍筋。

3）预制混凝土楼板

预制混凝土楼板包括预制实心混凝土板、预制混凝土叠合板。叠合楼板是由预制底板和后浇钢筋混凝土层叠合而成的装配整体式楼板。常见的叠合楼板形式有桁架钢筋混凝土叠合板和预制预应力混凝土叠合板两种。桁架钢筋混凝土叠合板［图 2.15（b）］下部为预制混凝土底板,上露桁架钢筋。桁架钢筋和预制混凝土底板的粗糙表面保证预制底板与后浇叠合层混凝土的有效黏结。预制预应力混凝土叠合板包括预制实心平底板混凝土叠合板、预制带肋底板混凝土叠合板和预制空心底板混凝土叠合板等。

4）预制混凝土墙板

(1) 预制外墙板

预制混凝土剪力墙外墙板按照构造形式分,可分为单叶外墙板、夹心保温外墙板、装饰一体化外墙板等。

现有图集中针对的多为常用的夹心保温外墙板,由内叶墙板保温层和外叶墙板组成,是非组合式承重预制混凝土夹心保温外墙板,简称预制外墙板,通常称为"三明治板"［图 2.15（a）］。外叶墙板作为荷载通过拉结件与承重内叶墙板相连。一般内叶墙板侧面预留钢筋与其他墙板或现浇边缘构件连接,底部通过钢筋灌浆套筒与下层剪力墙外伸钢筋相连。

按照墙体上门窗洞口形式的不同,预制外墙板又可分为无洞口外墙板、高窗台外墙板、矮窗台外墙板、两窗洞外墙板和门洞外墙板等几种形式。根据断面结构形式,剪力墙外墙板可分为实心墙外墙板、双面叠合外墙板和圆孔板外墙板等。

(2) 预制内墙板

预制混凝土剪力墙内墙板一般为单叶板,实心墙板形式,其侧面留筋方式与预制混凝土剪力墙外墙板基本相同。

按照墙体上门洞口形式的不同,预制内墙板又可分为无洞口内墙板、固定门垛内墙板、中间门洞内墙板和刀把式内墙板等几种形式。

5）预制混凝土双 T 板

预制混凝土双 T 板是板、梁结合的预制钢筋混凝土承载构件,由宽大的面板和两根窄而高的肋组成。其面板既是横向承重结构,又是纵向承重肋的受压区。双T板屋盖有等截面和双坡变截面两种,双T板屋盖也可用于墙板。在单层、多层和高层建筑中,双T板可以直接搁置在框架、梁或承重墙上,作为楼层或屋盖结构,如图2.16所示。

(a)预制混凝土双T板　　　　　　　　　(b)预制女儿墙

图2.16　预制构件

6）预制混凝土楼梯

预制混凝土楼梯按其构造方式可分为梁承式、墙承式和墙悬臂式等类型。目前,常用的预制楼梯为预制钢筋混凝土板式双跑楼梯和剪刀楼梯,其在工厂预制完成,在现场进行吊装。

预制楼梯具有以下优点:

①预制楼梯安装后可作为施工通道。

②预制楼梯受力明确,地震时支座不会受弯破坏,保证了逃生通道,同时楼梯不会对梁柱造成损坏。

7）预制混凝土阳台

预制混凝土阳台通常包括叠合板式阳台、全预制板式阳台和全预制梁式阳台。预制阳台板能克服现浇阳台的缺点,解决了阳台支模复杂,现场高空作业费时费力的问题,还能避免在施工过程中,由于工人踩踏使阳台楼板上部的受力筋被踩到下面,从而导致阳台拆模后下垂的质量通病。

8）其他构件

根据结构设计的不同,实际应用还会有其他构件,如空调板、女儿墙、外挂板、飘窗等。预制女儿墙包括夹心保温式女儿墙和非保温式女儿墙等。

2.4.3　装配式混凝土结构构造

装配式混凝土结构是由预制混凝土构件通过可靠的连接方式装配而成的混凝土结构,包括装配整体式混凝土结构和全装配混凝土结构。

装配整体式混凝土结构是由预制混凝土构件通过可靠的方式进行连接并与现场后浇混凝土、水泥基灌浆料形成整体的装配式混凝土结构。全装配式混凝土结构是全部由预制构件装配形成的混凝土结构。本书中主要介绍装配整体式混凝土结构。

1) 装配式混凝土结构分类

装配式混凝土结构体系一般可概括为装配式混凝土剪力墙结构体系、装配式混凝土框架结构体系、装配式混凝土框架-剪力墙结构体系、装配式预应力混凝土框架结构体系等。各种结构体系的选择可根据具体工程的高度、平面、体型、抗震等级、设防烈度及功能特点来确定。

(1) 装配式混凝土剪力墙结构体系

装配式混凝土剪力墙结构体系是将工程主要受力构件剪力墙、梁、板部分或全部由预制混凝土构件(预制墙板、叠合梁、叠合板)组成的装配式混凝土结构。其工业化程度高,房间空间完整,几乎无梁柱外露,可选择局部或全部预制,适用于住宅、旅馆等小开间建筑。

(2) 装配式混凝土框架结构体系

装配式混凝土框架结构体系为混凝土结构全部或部分采用预制柱或叠合梁、叠合板、双T板等构件,竖向受力构件之间通过套筒灌浆形式连接,水平受力构件之间通过套筒灌浆或后浇混凝土形式连接,节点部位通过后浇或叠合方式形成可靠传力机制,并满足承载力和变形要求的结构形式。装配式框架结构体系工业化程度高,内部空间自由度好,可形成大空间,满足室内多功能变化的需求,适用于办公楼、酒店、商务公寓、学校、医院等建筑。

(3) 装配式混凝土框架-剪力墙结构体系

装配式混凝土框架-剪力墙结构体系是由框架与剪力墙组合而成的装配式结构体系,将预制混凝土柱、预制梁,以及预制墙体在工厂加工制作后运至施工现场,通过套筒灌浆或现浇混凝土等方法装配形成整体的混凝土结构形式。该体系工业化程度高,内部空间自由度较好,适用于高层、超高层的商用与民用建筑。

(4) 装配式预应力混凝土框架结构体系

装配式预应力混凝土框架结构体系是指一种装配式、后张、有粘结预应力的混凝土框架结构形式。建筑的梁、柱、板等主要受力构件均在工厂加工完成,预制构件运至施工现场吊装就位后,将预应力筋穿过梁柱预留孔道,对其实施预应力张拉预压后灌浆,构成整体受力节点和连续受力框架。该体系在提升承载力的同时,能有效节约材料,可实现大跨度并最大限度地满足建筑功能和空间布局。预应力框架的整体性及抗震性能较佳,有良好的延性和变形恢复能力,有利于震后建筑物的修复。

在装配式预应力混凝土框架结构体系中,装配式预应力双T板结构体系应用较为广泛,其梁、板结合的预制钢筋混凝土承载构件由宽大的面板和两根窄而高的肋组成。其面板既是横向承重结构,又是纵向承重肋的受压区。在单层、多层和高层建筑中,双T板可以直接搁置在框架梁或承重墙上作为楼层或屋盖结构。预应力双T板跨度可达20 m以上,如用高强轻质混凝土则可达30 m以上。

2) 装配式混凝土结构的构件连接方式

装配式混凝土结构的各预制构件通过不同的连接方式装配在一起,才能形成整个建筑物的结构体系。预制构件之间的连接是保证装配式结构整体性的关键。装配式混凝土结构的连接方式分为湿连接和干连接。

湿连接是指混凝土或水泥基浆料与钢筋结合形成的连接。常用的湿连接形式有套筒灌浆、后浇混凝土连接等,主要适用于装配整体式混凝土结构的连接。干连接主要借助于金属连接件,如螺栓连接、焊接等,主要适用于全装配式混凝土结构的连接或装配整体式混凝土结构中的外挂墙板等非承重构件的连接。

(1)套筒灌浆连接

套筒灌浆连接的原理是将需要连接的钢筋插入金属套筒内对接,在套筒内注入高强、早强且有微膨胀特性的灌浆料,灌浆料在套筒筒壁与钢筋之间形成较大的正向应力,在钢筋带肋的粗糙表面产生较大的摩擦力,由此得以传递钢筋的轴向力。

钢筋套筒灌浆连接技术在欧美、日本等国家的应用已有40多年的历史,经历了大地震的考验,编制有成熟的标准,得到了普遍应用。国内也已有大量的试验数据支持,主要用于柱、剪力墙等竖向构件中,《装配式混凝土结构技术规程》(JGJ 1—2014)对套筒灌浆连接的设计、施工和验收提出了要求。另外,《钢筋连接用套筒灌浆料》(JG/T 408—2019)、《钢筋连接用灌浆套筒》(JG/T 398—2019)、《钢筋套筒灌浆连接应用技术规程》(JGJ 355—2015)等行业标准,也都为改性连接技术的推广应用提供了技术依据。

套筒灌浆连接包括全灌浆套筒连接和半灌浆套筒连接两种形式。全灌浆套筒两端均采用灌浆方式与钢筋连接,如图2.17所示,常用于水平钢筋连接;半灌浆套筒一端采用灌浆方式与钢筋连接,另一端采用非灌浆方式与钢筋连接,通常采用螺纹连接。

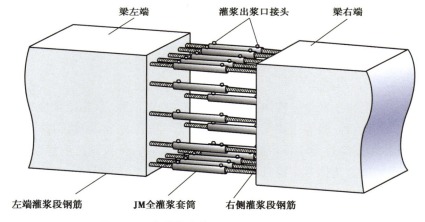

图2.17 全灌浆套筒常用于水平钢筋连接

装配整体式混凝土剪力墙结构中,墙体竖向钢筋的连接多采用半灌浆套筒连接方式,如图2.18所示,即上层墙体底部预埋半灌浆套筒(上层墙体竖向钢筋与半灌浆套筒机械连接),对应下层墙体竖向钢筋插入并灌入水泥基灌浆料,从而实现上下层墙体竖向钢筋的连接,如图2.19所示。

(2)混凝土连接

后浇混凝土是指预制构件安装后在预制构件连接区域或叠合层现场浇注的混凝土。将需要连接的预制构件就位,连接的钢筋预埋件等连接完毕后,浇筑混凝土形成连接;为保证后浇混凝土与预制构件的整体性,需在接触面进行粗糙处理。

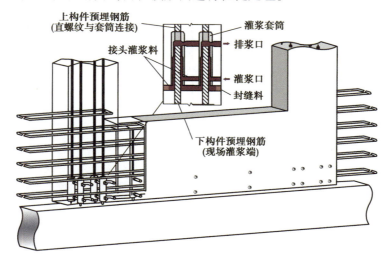

图 2.18　半灌浆套筒在剪力墙纵向受力钢筋连接中的应用

图 2.19　钢筋灌浆套筒接头

（3）浆锚搭接

　　金属波纹管浆锚搭接连接,采用预埋金属波纹管成孔,在预制构件模板内波纹管与构件预埋钢筋紧贴,并通过扎丝绑扎固定;波纹管在高处向模板外弯折至构件表面,作为后续灌浆料灌注口;待不连续钢筋伸入波纹管后,从灌注口向管内灌注无收缩、高强度水泥基灌浆料;不连续钢筋通过灌浆料、金属波纹管及混凝土,与预埋钢筋形成搭接连接接头,如图 2.20所示。

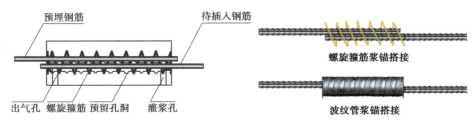

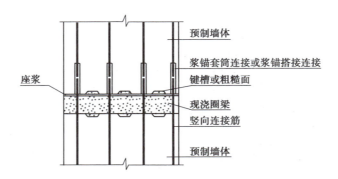

图 2.20　竖向钢筋浆锚搭接示意图

约束浆锚连接在接头范围预埋螺旋箍筋，并与构件钢筋同时预埋在模板内；通过抽芯制成带肋孔道，并通过预埋 PVC 软管制成灌浆孔与排气孔用于后续灌浆作业；待不连续钢筋伸入孔道后，从灌浆孔压力灌注无收缩、高强度水泥基灌浆料；不连续钢筋通过灌浆料、混凝土与预埋钢筋形成搭接连接接头。

(4) 螺栓连接

如图 2.21 所示为螺栓连接方式，通过在预制构件中预留凹槽和孔洞，用螺栓、垫片以及螺母进行连接。主要适用于楼层不高、抗震要求较低的临时性用房，如公共厕所、底层住宅等。该种连接方式有多种形式，可通过螺栓、预埋钢构件、预埋焊接件连接。

图 2.21　螺栓连接

(5) 直螺纹套筒连接

直螺纹套筒连接接头施工，其工艺原理是将钢筋待连接部分剥肋后滚压成螺纹，利用连接套筒进行连接，使钢筋丝头与连接套筒连接为一体，从而实现等强度钢筋连接，如图 2.8(a)所示。直螺纹套筒连接的种类主要有冷镦粗直螺纹、热镦粗直螺纹、直接滚压直螺纹、挤(碾)压肋滚压直螺纹。

(6) 挤压套筒连接

如图 2.8(b)所示，挤压直螺纹套筒连接是通过加压力使连接件钢套筒塑性变形并与带肋钢筋表面紧密咬合，将两根带肋钢筋连接在一起。挤压套筒连接属于干式连接，去掉技术间歇时间从而压缩安装工期，质量验收直观，接头成本低。

复习思考题

1. 装配式建筑按结构材料分为哪几类？
2. 装配式建筑按预制率分为哪几类？
3. 简述装配式钢结构特点。
4. 装配整体式混凝土剪力墙结构的主要预制构件有哪些？
5. 简述装配式混凝土结构的构件连接方式。
6. 简述套筒灌浆连接的基本原理。
7. 简述浆锚搭接的基本原理。

第 3 章 装配式混凝土建筑施工

【本章内容】

本章介绍了装配式混凝土结构的设计背景、主要设计过程以及 BIM 技术在装配式深化设计中的应用。重点介绍装配式构件生产线的主要设备、常用预制构件的生产流程、装配式混凝土结构吊装及连接等主要施工工艺流程。

【本章重点】

预制构件生产流程、装配式构件吊装及连接施工工艺流程。

【延伸与思考】

预制构件的生产过程决定了产品的质量,预制构件的吊装连接效果决定了建筑的安全。从业人员在构件生产工作过程中务必有精益求精的工匠精神,在预制构件吊装及连接施工中务必树立规范意识、安全意识和协作意识。

3.1 装配式建筑设计

装配式构件
深化设计资源

3.1.1 装配式混凝土结构设计

1)背景

目前,国内装配建筑设计、建造形式主要以装配整体式混凝土结构(由预制混凝土构件或部件通过钢筋、连接件或施加预应力加以连接并现场浇筑混凝土而形成整体的结构)为主,相关规范并不完善,对装配式结构体系的结构计算、施工图的绘制均按照《装配式混凝土结构技术规程》(JGJ 1—2014)等规范中提出的"等同现浇"概念进行。

具体表现为:结构的计算按照现浇钢筋混凝土结构的计算规则,采用传统有限元结构计算软件计算结构内力与配筋需求;结构施工图的绘制在原有结构平法制图的原则上丰富图纸表达内容,新增构件在厂房生产的深化图纸,即构件加工图纸。

装配式设计的深化(即构件加工图纸设计)体现在施工图和构件生产详图两个阶段。目前,图纸深化设计存在以下问题:

①规范与标准目前未成熟,结构拆分规定、制图标准不统一;

②设计方与生产施工方独立运营,缺乏相互渗透和融合;

③建筑、结构与设备等专业集成度弱,建筑全寿命周期考虑缺乏;

④设计质量低,主要体现为标准化、模数化、信息化应用程度低;

⑤构件制造加工能力弱,吊运安装施工工艺不先进。

2)装配式混凝土结构设计

装配式构件生产详图的深化设计强调通用化、模数化、标准化,需要考虑构件的制作生产、堆放运输、吊装施工、运营维护以及整个生产施工过程的经济成本等因素,所以就结构方面来讲,除完成钢筋的定位、型号、数量等基本内容外,还需考虑建筑、设备专业的相关要求,如防水做法、开洞情况、预埋管线的内部碰撞。

装配式构件生产详图的设计具体为以下几个过程:前期技术策划、建筑施工图设计、预制构件拆分方案设计、预制构件模板图、预制构件配筋图、预制构件预埋预留图、预制构件综合加工图、模具设计图。

(1)结构拆分

构件拆分作为施工图、构件生产图的深化重点,决定了深化工作的难易与构件的类型,同时也对生产施工、管理组织与成本控制产生很大的影响。构件拆分工作按照建筑设计"模数协调"进行,尽量减少构件类型便于工厂流水生产与堆放运输,合理的连接点或者接缝处理在减小构件制作与施工难度的同时又能保证良好的连接性能,使得建筑在使用功能与抗震设防上也具备较好的性能。

在前期策划阶段,应考虑运输、安装等条件对预制构件的限制,这些限制包括构件重量、具体尺寸、吊装机的起重能力、场地存放的条件。预制件内的钢筋设计重点考虑连接可靠性与加工、生产、施工的便利性,要求能提高预制构件连接效率、保证节点锚固抗震需求、满足钢筋准确定位的要求、提高机械化加工、便于模具的加工安装和拆卸、便于制作现场安放与施工现场的安装。

面板类构件如预制外挂墙板、剪力墙、楼板等,拆分内容含板片分割、厚度计算、钢筋排布、端部钢筋预留设计、设备管线、预埋件、预留孔洞等内容,其中,剪力墙的拆分设计重点关注构造边缘构件和约束边缘构件在结构计算中的具体钢筋数目与排放位置,此区域一般采用后浇完成,可保证预制钢筋在构件生产与施工阶段易于操作且连接可靠的情况下,尽量将预制墙体内竖向钢筋转移到此处,以减少灌浆套筒的数量而减少成本。杆类构件如预制梁、柱,包括长度分割、接合面抗剪设计、端部钢筋预留设计、纵筋和箍筋排布、搁置长度、管线、预埋件、预留孔洞等内容;柱子还应考虑灌浆孔及沟槽等内容。其他构件如预制楼梯、预制阳台,考虑钢筋排布、端部钢筋连接、预埋件等内容。

(2)生产、吊运、堆放、安装验算

在某些情况下,装配式构件的尺寸,尤其是最小厚度、构造钢筋的配置是由其制作、运输、吊装阶段所决定的,因此构件的拆分以及钢筋的布置,同时需考虑其在制作、运输和堆放、安装等阶段的短暂状况有可能受荷载作用而导致破坏或者破损。为此,预制件在以上阶段的强度、刚度与稳定性应参照《混凝土结构工程施工规范》等规范结合生产和施工经验进行验算。

(3)连接设计

装配式的连接设计主要包括以下方面:水平构件与竖向构件的传力连接,如框架梁柱节

点、剪力墙与叠合板连接、竖向构件与基础顶部连接;水平构件预制部分与现浇部分连接,如叠合板、叠合梁、叠合阳台等。良好的连接点位置选择与结构构造设计,能够保证建筑的使用功能,如空间、防水、防火,同时使其具备较好的抗震性能。

目前国内装配式整体式混凝土结构以湿式连接为主,一般采用梁柱节点现浇的方法,柱子钢筋穿过节点采用钢筋套筒灌浆连接技术连接,梁纵筋等水平钢筋在节点锚固,同时预制叠合梁端面设置抗剪键槽,以抵抗梁端在节点区域的较大剪力,如图 3.1 所示。

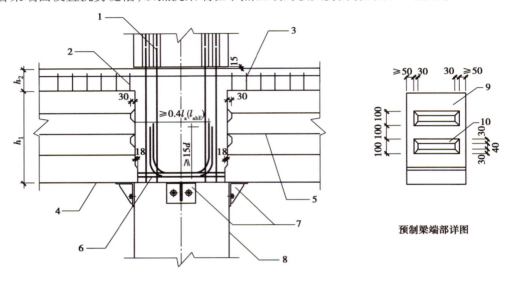

图 3.1　预制梁与中间层中柱的连接节点

1—柱主筋;2—梁箍筋;3—梁上层筋;4—预制梁;5—梁腰筋;6—梁下层主筋;

7—施工牛腿(临时);8—预制柱;9—预制梁端部;10—预制梁端面抗剪键槽

又如,预制次梁与预制主梁的连接时采用了牛担板企口梁的方式。这种连接方式是在预制次梁端部,预埋一个外挑的钢板(牛担板),而在主梁上需要搁置次梁的地方,设置了两个缝,吊装时,次梁的外挑钢板直接嵌入主梁的预留缝内,后期叠合板就位后,浇筑叠浇层,最终实现主次梁的连接,如图 3.2 所示。

图 3.2　主次梁采用钢牛担板进行连接

以上做法在考虑节点施工困难的同时强调节点处受力钢筋的连续性,以确保荷载与地震作用力的传递合理明确,最终实现节点强设计、弱构件的原则,使装配式结构具有与现浇结构完全接近的各项性能。

装配式混凝土结构中,节点及接缝处的纵向钢筋连接宜根据接头受力、施工工艺等要求优先选用套筒灌浆连接。非节点区域的预制构件与现浇部分的接合面处,宜采取混凝土粗糙面的做法,如预制叠板、预制叠合梁与现浇层。

此外,对连接部位的防水设计重点考虑外挂预制墙板。现阶段,考虑地下装配式防水技术的不成熟与抗震设防中的底部加强区要求,地下室与建筑底部 1～2 层在装配整体式中均采用现浇钢筋混凝土结构,而屋面最上层现场叠浇的一层。综上,地下与屋面防水设计施工现浇结构一致。外挂预制墙体的防水节点连接处理一般采用构造做法与防水材料结合的做法,构造上采用企口缝、高低缝、排水空腔构造,材料上选用耐候结构密封胶,以上连接方式可在建筑施工图体现,但构件生产图也将其具体构造做法结合预制外墙是否承重、承重固定连接方式、连接处预埋件设置、外墙体保温材料布置等多个因素结合起来思考。

3.1.2　装配式钢结构设计

1)装配式钢结构

钢结构是天然的装配式结构,大部分钢结构具备构件工厂制作、现场吊装的特点,更贴近新型工业化建筑,但并非所有的钢结构建筑均是装配式建筑,目前国内对新型装配式钢结构有这样的认识:必须是钢结构主体、围护系统、设备与管线系统和内装系统做到和谐统一,才算得上是装配式钢结构建筑。现场安装时,钢结构的梁柱节点主要采用栓焊连接,但装配式钢结构推荐采用螺栓连接节点,极大地满足了建筑工业化所提倡的将复杂、量大的工作放在工厂车间进行,现场安装追求更高的效率、更好的安装质量。

2)装配式钢结构设计

装配式钢结构设计的重点工作就是对设计进行深化,使图纸表达面面俱到,连接节点满足设计要求和安装要求,最终使工程顺利实施。不仅包括设计所要表达的内容,还包括施工承包商所关心的材供、运输、安装方法和顺序等方面的问题,部分承担了项目咨询的角色。

装配式钢结构设计深化的主要内容包括以下几个方面:

(1)施工全过程仿真分析

施工全过程仿真分析,钢结构有多种结构形式(刚架、框架、管桁架、网架等),在实际安装中,采用高空散拼、高空滑移、整体提升、整体顶升等多种方法,钢结构设计时,除了进行结构体系受力分析,还要进行施工全过程仿真分析,对动态施工工程进行受力分析,防止不同的施工工艺带来的施工阶段的结构破坏。

(2)结构设计优化

在仿真建模分析时,原结构设计的计算模型,与考虑施工全过程的计算模型,虽然最终状态相同,但在施工过程中因施工支撑或施工温度等原因产生了应力畸变,这些在施工过程构件和节点中产生的应力并不会随着结构的几何尺寸恢复到设计状态而消失,通常会部分保留下来,从而影响结构在使用期的安全。

(3)节点深化

普通钢结构连接节点主要有柱脚节点、支座节点、梁柱连接、梁梁连接、桁架的弦杆腹杆连接,以及空间结构的螺栓球节点、焊接球节点、钢管空间相贯节点、多构件汇交铸钢节点,还有预应力钢结构中包括拉索连接节点、拉索张拉节点、拉索贯穿节点等。上述各类节点的设计均属于施工图的范畴。节点深化的主要内容是指根据施工图的设计原则,对图纸中未指定的节点进行焊接强度验算、螺栓群验算、现场拼接节点连接计算、节点设计的施工可行性复核和复杂节点空间放样等。

(4)构件安装图

构件安装图用于指导现场安装定位和连接。构件加工完成后,将每个构件安装到正确的位置,并采用正确的方式进行连接,是安装图的主要任务。

(5)构件加工图

构件加工图为工厂的制作图,是工厂加工的依据,也是构件出厂验收的依据。构件加工图可以细分为构件大样图和零件图等部分。

随着数控机床和相关控制软件的发展,零件图逐渐被计算机自动放样所替代。目前,相贯线切割基本实现了无纸化生产和普通钢结构的生产。

(6)工程量分析

在构件加工图中,材料表容易被忽视,但它却是深化详图的重要部分,包含构件、零件、螺栓编号和与之相应的规格、数量、尺寸、重量和材质的信息,这些信息对正确理解图纸大有帮助,还便于得到精确的采购所需信息。

3.1.3　BIM 技术的应用

1)BIM 的概念和特点

BIM(建筑信息模型,Building Information Modeling)的概念最初由 Autodesk 公司在 2002年提出,其核心是通过建立虚拟的建筑工程三维模型,利用数字化技术,为这个模型提供完整的、与实际情况一致的建筑工程信息库,这样一个建筑工程信息库涵盖从建筑的设计、施工、运行直至建筑全寿命周期的终结,参与各个环节的设计团队、施工单位、设施运营部门和业主等各方人员可以基于 BIM 进行协同工作,有效提高工作效率、节省资源、降低成本、以实现可持续发展。现阶段 BIM 具有以下几个特点:

(1)可视化

BIM 技术摆脱了传统的二维图纸表达方式,提供了可视化的思路,建筑在各阶段信息以三维立体实物图形展示在人们的面前,其可视化是一种能够同构件之间形成互动性和反馈性的可视化,展示的结果可以用效果图展示及报表生成,确保项目设计、建造、运营过程中的沟通、讨论、决策都在可视化的状态下进行。

(2)可出图性

BIM 模型不仅能绘制常规的建筑设计图纸及构件加工图纸,还能通过对建筑物进行可视化展示、协调、模拟、优化,并出具各专业图纸及深化图纸,使工程表达更加详细。

(3)模拟性

模拟性并不是只能模拟设计出的建筑物模型,还可以模拟不能够在真实世界中进行操作的事物,结合多项外部环境变量进行模拟探索,反馈修改建筑物模型。如在设计阶段,BIM可以对设计上需要进行节能模拟、紧急疏散模拟、日照模拟、施工安装冲突模拟等;在招投标和施工阶段可以进行 4D 模拟(增加时间维度),优化施工方案与工艺。同时还可以在施工管理阶段进行 5D 模拟(增加成本控制)。

(4)协调性

协调是建筑业中的重点内容,无论是业主、设计单位、施工单位,还是监理单位,都存在着大量的协调及相配合的工作。BIM 建筑信息模型因其可涵盖装配式建筑从规划、设计、制作、安装、运维等诸多环节,多方参与的建筑工程信息库可以依托强大的硬件设备进行互动、反馈、联动,大大提高项目设计、建设环节的协调工作效率。

(5)优化性

装配式建筑的整个设计、施工、运维过程就是一个不断优化的过程。优化受 3 种因素的制约:信息、复杂程度和时间。当建筑复杂程度较高时,尤其是当前装配式建筑出现构件深化设计、构件加工制作运输、构件吊装,导致工厂制作和现场吊装信息数据大大增加,参与人员本身的能力无法掌握所有的信息,必须借助一定的科学技术和设备的帮助,BIM 及与其配套的各种优化工具提供了对复杂项目进行优化的可能。

2)BIM 技术在装配式深化设计的应用

装配式建筑在设计、制作、安装过程中相对现浇建筑,有其新的特点(建筑结构进行了拆分、出现了大量的构件、现场安装需要协调预制部分和现浇部分的关系等),因此在各环节仍旧采用传统的二维表达方式来处理装配式建筑,将会遇到很多问题。结合前面提到的 BIM 优势,使用 BIM 技术进行装配式建筑全生命周期管理,将带来巨大便利。这里简单介绍 BIM 技术在装配式深化设计的应用。

前面提到,目前国内装配建筑设计、建造形式主要以装配整体式混凝土结构为主,相关规范并不完善,对装配式结构体系的结构计算、施工图的绘制均按照《装配式混凝土结构技术规程》(JGJ 1—2014)等规范中提出的“等同现浇”概念进行。具体表现为:结构的计算按照现浇钢筋混凝土结构的计算规则,采用传统有限元结构计算软件计算结构内力与配筋需求,在得到传统的结构施工图信息后,结构施工图的绘制在原有结构平法制图的原则上丰富图纸表达内容,新增构件在厂房生产的深化图纸,即构件加工图纸。

以上过程,如果采用结构设计传统的模式:结构有限元计算软件(国内以 PKPM、YJK、广厦结构等软件为代表)进行受力分析、计算+平面制图软件(AutoCAD 软件)绘制施工二维图纸、构件加工图纸,将带来设计阶段巨大的工作量,其中各专业、各环节联动性的缺乏,势必导致后期构件制作、运输、吊装出现大量问题。故通过 BIM 建立虚拟的建筑工程三维模型,利用数字化技术,为这个模型提供完整的、与实际情况一致的建筑工程信息库,在这个建筑工程信息库中进行装配式深化设计,能最大限度地确保在大量的信息数据下,设计结果的统一性、精确度与科学性。利用 BIM 技术进行装配式深化设计主要经过以下环节：

（1）建立三维建筑信息模型

在装配式建筑设计中，利用三维模型的方式，按照现浇结构的概念进行建模，结构模型与建筑模型、设备模型互联，在模型的创建过程中涉及较多的专业（建筑、结构、水电、暖通、电器等），在三维模型中，有利于设计人员充分了解建筑施工方案设计中存在的问题，继能够对其进行有效的修改。完备的三维建筑信息模型可指导后期构件制作与安装施工，能有效缩短施工工期，提高施工效率，并保障建筑工程的施工质量。

（2）在三维环境中进行构件拆分

三维建筑信息模型建设完成后并进行结构分析计算，得到传统的结构施工图信息后，可以在三维建筑基础上进行构件拆分。

装配式钢筋混凝土结构中，其中常见的构件为预制柱、预制剪力墙、预制叠合梁、预制叠合楼板、预制阳台、楼预制梯等。利用 BIM 技术，在三维模型的基础上，对其内部构件进行合理拆分，有利于确保建筑工程的连贯性，可以有效保证数据信息的完整性，同时，在构件拆分过程中，有利于设计人员对建筑整体构件之间存在的关系进行充分掌握，有助于对各个节点进行全面观察，例如，在实际拆分过程中，三维环境下，可在拆分后进行构件安装碰撞、预留钢筋碰撞检查；为了使构件种类最少，可在 BIM 环境中进行多次拆分和种类统计。

（3）生成构件生产图纸和结构施工图纸

构件拆分后，可以利用当前 BIM 软件强大三维转二维方式快速出图，生成构件生产图纸和结构施工图纸，这两类图纸因来自同一三维模型，具有更好的匹配性。

3）BIM 装配式深化设计主要软件

（1）PKPM-PC

PKPM 系列软件是中国建筑科学研究院建筑工程软件研究所研发的工程软件，PKPM 的建筑结构模块在建筑结构分析计算领域使用较广。

近年来，新研发的 PKPM-PC 在原有结构计算分析的基础上，基于 PKPM-BIM 平台实现了装配式结构分析、构件拆分与预拼装、国标及多地装配率计算、构件深化设计与碰撞检查、自动出图、自动统计清单、数据导出等多项功能，能满足现阶段国内装配式整体式建筑设计与深化。

（2）GS-Revit

GS-Revit 是在 Revit 上二次研发的结构 BIM 装配式设计软件。该软件基于 Revit 三维 BIM 设计理念，其结构分析计算源自其核心产品：广厦建筑结构软件（GSCAD），带来了基于 BIM 正向设计的概念，即结构建模、荷载输入、结构分析、构件拆分、施工图生成均在 Revit 平台上正向进行，并且与建筑专业、设备专业可以产生较高的关联性。

（3）BeePC

小蜜蜂软件（BeePC）软件由基于 Revit 二次开发，通过所见即所得的建模方式，结合图集、项目的内置规则、智能化的批量操作，最终可生成满足工厂要求的项目图纸及构件列表，形成一套装配式深化系统,BeePC 更侧重于装配式拆分环节。

(4)PLANBAR

PLANBAR 内梅切克软件工程有限公司旗下核心产品,是预制混凝土构件设计深化软件,可实现预制构件的自动拆分和深化,应用范围涵盖了简单标准化到复杂专业化的预制件设计。在 PLANBAR 中同时含有 2D 和 3D 相关模块。用户可以在 PLANBAR 一款软件中,实现 2D 信息和 3D 模型的创建和修改,达到以前传统方式下几个软件一起才能完成的工作。它将三维与二维充分结合,真正实现了 BIM 的工作方式。

(5)Tekla

Tekla 是世界通用的钢结构详图设计软件,软件包含三维智能钢结构模拟、详图等部分。用户可以在一个虚拟的空间中搭建一个完整的钢结构模型,模型中不仅包括结构零部件的几何尺寸,也包括材料规格、横截面、节点类型、材质、用户批注语等在内的所有信息。

3.2　装配式混凝土预制构件生产

3.2.1　装配式混凝土预制构件生产设备

装配式混凝土预制构件生产线按生产构件类型可分为外墙板生产线,内墙板生产线,叠合板生产线,预应力叠合板生产线,梁、柱、楼梯、阳台等生产线。预制构件生产线按预制构件的制作方法可分为固定台座法、长线台座法和机组流水法。

预制构件生产企业通常根据市场需求规模、产品类型,结合自身生产条件,选择一种或多种方法来组织生产。

用于装配式混凝土预制构件生产线的主要设备有模台、模台辊道、模台清扫喷涂机、画线机、混凝土送料机、混凝土布料机、混凝土振动台、立体蒸养窑、振动赶平机、抹光机、拉毛机、翻板机、脱模机等。

1)模台

目前常用的模台有不锈钢模台和碳钢模台两种,如图 3.3 所示。

模台是预制构件生产的作业面,也是预制构件的底模板。目前,模台面板一般选用整块钢板制作,台面钢板厚 10 mm。

2)模台辊道

模台辊道是实现模台沿生产线机械化行走的必要设备。模台辊道由两侧的辊轮组成,如图 3.4 所示。工作时,辊轮同向移动,带动上面的模台向下一道工序的作业地点移动。模台辊道应能合理控制模台的运行速度,并保证模台运行时不偏离、不颠簸。此外,模台辊道的规格应与模台对应。

图 3.3　模台

图 3.4　模台驱动轮

3）模台清扫喷涂机

模台清扫喷涂机采用除尘器一体化设计,如图 3.5 所示。流量可控,喷嘴角度可调,具备雾化的功能。在一轮生产周期结束后,对底模托盘粗颗粒混凝土残渣进行清扫,底模托盘清洁后在托盘表面喷洒脱模剂。

图 3.5　模台清扫喷涂机

4）画线机

画线机是通过数控系统控制的,根据设计图纸要求,在模台上进行全自动画线的设备,如图 3.6 所示。相比人工操作,画线机不仅对构件的定位更加准确,而且能大大减少画线作业所用的时间。一般完成一个平台画线的时间小于 5 min。

图 3.6　画线机

5）混凝土送料机

混凝土送料机是向混凝土布料机输送混凝土拌合物的设备,如图 3.7 所示。目前,生产企业普遍应用的混凝土输送设备可通过手动、遥控和自动 3 种方式接收指令,按照指令以指定的速度移动或停止、与混凝土布料机联动或终止联动。

图 3.7　混凝土送料机

6）混凝土布料机

混凝土布料机是预制构件生产线上向模台上的模具内浇筑混凝土的设备,如图 3.8 所示。布料机应能在生产线上方纵横向移动,以满足将混凝土均匀浇筑在模具内的要求。一般储料斗有效容积为 2.5 m^3,下料速度为 0.5 ~ 1.5 m^3/ min(不同的坍落度要求),以保证混凝土浇筑作业的连续进行。布料口的高度应可调或处于满足混凝土浇筑中自由下落高度的要求。

混凝土布料机与输送料斗、振动台、模台运行等可实现联动互锁;具有安全互锁装置;纵横向行走速度及下料速度变频控制,可实现完全自动布料功能。

7）混凝土振动台

混凝土振动台振捣时间小于 30 s,振捣频率可调。混凝土振动台是预制构件生产线上用于实现混凝土振捣密实的设备,如图 3.9 所示。振动台具有振捣密实度好、作业时间短、噪声小等优点,非常适用于预制构件流水生产。

图 3.8　混凝土布料机

图 3.9　混凝土振动台

8）立体蒸养窑

　　预制构件生产过程中,混凝土的养护采用在蒸养窑里蒸汽养护的做法。蒸养窑的尺寸、承重能力应满足待蒸养构件的尺寸和重量要求,且其内部应能通过自动控制或远程手动控制对蒸养窑每个分仓里的温度进行控制,如图 3.10 所示。窑门启闭机构应灵敏、可靠,封闭性能强,不得泄漏蒸汽。此外,预制构件进出蒸养窑需要构件存取机配合。

图 3.10　立体蒸养窑

9）振动赶平机

振动赶平机主要由 4 个部分组成,分别是大支架、平台的表面、振动电机、减震装置等,如图 3.11 所示。采用这种设备就可以很好地减少混凝土中存留的空气和缝隙,使混凝土振捣密实。

图 3.11　振动赶平机

10）抹光机

抹光机是一种混凝土表面粗、精抹光机具,如图 3.12 所示。经过机器施工的表面较人工施工的表面更光滑、更平整,能极大地提高混凝土表面的密实性和耐磨性,并在功效上较人工作业提高工作效率 10 倍以上。

11）拉毛机

拉毛机分为固定式和移动式两种,如图 3.13 所示。可快速升降,位置锁定拉毛迅速,拉毛深度不小于 4 mm。

图 3.12　抹光机

图 3.13　拉毛机

12）翻板机

翻板机是用于翻转预制构件,使其调整到设计起吊状态的机械设备,如图 3.14 所示。

13）脱模机

脱模机是待预制构件达到脱模强度后将其吊离模台所用的机械,如图 3.15 所示。脱模机应有框架式吊梁,起吊脱模时按构件设计吊点起吊,并保持各吊点垂直受力。

图 3.14　翻板机

图 3.15　脱模机

14）堆垛机

　　堆垛机是立体仓库十分重要的起重运输设备，是随立体仓库发展起来的专用起重机械设备，如图 3.16 所示。运用此种设备的仓库最高可达 40 多 m，大多为 10～25 m。堆垛机的主要用途是在立体仓库的巷道间反复穿梭运行，将位于巷道口的货物存入货格，或者将货格中的货物取出运送到巷道口。此种设备只能在仓库内运行，还需配备其他设备使货物出入库。

图 3.16　堆垛机

3.2.2　装配式混凝土预制构件的生产

PC 构件的生产分现场预制和工厂预制两种形式。其中，现场预制分为露天预制、简易棚架预制；工厂预制分为露天预制和室内预制，如图 3.17 所示。近年来，随着机械化程度的提高和标准化的要求，工厂化预制逐渐增多，目前大部分 PC 构件为工厂制作。

图 3.17　上海城建 PC 工厂车间

预制构件制作有不同的工艺，采用何种工艺与构件类型和复杂程度有关，与构件品种有关，也与投资者的偏好有关。无论何种预制方式，均应根据预制工程量的多少、构件的尺寸及重量、运输距离、经济效益等因素理性选择，最终达到保证构件的预制质量和经济效益的目的。

预制构件制作工艺有固定台座法和流水线工艺两种方式。

1）固定台座法

固定台座法是模具布置在固定的位置，而操作人员按不同工种依次在各个工位上操作的生产工艺。固定台座法是预制构件制作应用的最为广泛的生产工艺之一，适应性强，加工灵活，非常适用于非标准化异形构件的生产，如梁、柱、楼梯、屋顶用板材等构件，虽然启动资金较少，但市场效率也相对较低。固定台座法包括固定模台工艺、立模工艺和预应力工艺等。

（1）固定模台工艺

固定模台是一块平整度较高的钢结构平台，如图 3.18 所示，也可以是高平整度、高强度的水泥基材料平台。固定模台作为预制构件的底模，在模台上固定构件侧模，组合成完整的模具，固定模台也称为平模工艺。

固定模台工艺的设计主要是根据生产规模，在车间里布置一定数量的固定模台，组模、放置钢筋与预埋件、浇筑振捣混凝土、养护构件和拆模都在固定模台上进行。固定模台生产工艺，模具是固定不动的，作业人员和钢筋、混凝土等材料在各个模台间"流动"。绑扎或焊接好的钢筋用起重机送到各个固定模台处，混凝土用送料车或送料吊斗送到模台处，养护蒸汽管道也通到各个模台下。PC 构件就地养护，构件脱模后再用起重机送到存放区。

固定模台工艺可以生产柱、梁、楼板、墙板、楼梯、飘窗、阳台板、转角构件等各式构件。其最大优势是适用范围广、灵活方便、适应性强、启动资金少。

图 3.18　固定钢模台

（2）立模工艺

立模工艺的特点是模板垂直使用，并具有多种功能。模板基本上是一个箱体，箱体腔内可通入蒸汽，并装有振动设备，可分层振动成型。与平模工艺比较节约生产用地，生产效率相对较高，而且构件的两个表面同样平整。

立模有独立立模和组合立模两种。一个立着浇筑柱子或一个侧立浇筑的楼梯板的模具属于独立立模；成组浇筑的墙板模具属于组合立模，如图 3.19 所示。

图 3.19　实心墙板成组立模

组合立模的模板可以在轨道上平行移动，在安放钢筋、套筒、预埋件时，模板移开一定距离，留出足够的作业空间，安放钢筋等结束后，模板移动到墙板宽度所要求的位置，然后再封堵侧模。每块立模板均装有行走轮，能以上悬或下行方式作水平移动，以满足拆模、清模、布筋、支模等工序的操作需要。

立模工艺适合无装饰面层、无门窗洞口的墙板、清水混凝土柱子和楼梯等，其最大优势是节约用地。立模工艺制作的构件，立面没有抹压面，脱模后也不需要翻转。

（3）预应力工艺

预应力工艺也是预制构件固定生产方式的一种，分为先张法工艺和后张法工艺。

先张法工艺一般用于制作大跨度预应力混凝土楼板、预应力叠合楼板或预应力空心楼板。先张法预应力工艺是在固定的钢筋张拉台上制作构件，如图 3.20 所示。钢筋张拉台是一个长条平台，两端是钢筋张拉设备和固定端，钢筋张拉后在长条台上浇筑混凝土，养护达到要求的强度后,拆卸边模和肋模,然后卸载钢筋拉力,切割预应力楼板。除钢筋张拉和楼板切割外,其他工艺环节与固定模台工艺接近。

图3.20　先张法制作预应力楼板

后张法工艺主要用于制作预应力梁或预应力叠合梁,其工艺方法与固定模台工艺接近,构件预留预应力钢筋(或钢绞线)孔,钢筋张拉在构件达到要求强度后进行,如图3.21所示。

图3.21　后张法制作预应力梁

后张法预应力工艺只适用于预应力梁、板。

2)流水线工艺

流水线工艺的特点是操作人员位置相对固定,而加工对象按顺序和一定的时间节拍在各个工位上行走的生产工艺。其优势在于效率高、生产工艺适应性可通过流水线布置进行调整,适用于大批量标准化构件的生产。

流水线工艺有手控、半自动和全自动3种类型的流水线。

(1)手控流水线

手控流水线是将模台通过机械装置移送到每一个作业区,完成一个循环后进入养护区。实现了模台流动,作业区、操作人员位置固定,浇筑和振捣作业的工序位置也是固定的。

(2)半自动流水线

半自动化流水线包括混凝土成型设备,但不包括全自动钢筋加工设备。半自动流水线实现了图样输入、模板清理、划线、组模、脱模剂喷涂、混凝土浇筑、振捣等自动化,钢筋加工和入模仍然需要人工作业。

（3）全自动流水线

预制构件全自动生产线模拟动画

全自动生产线是指在工业生产中依靠各种机械设备，并充分利用能源和信息手段完成工业化生产，达到提高生产效率、减少生产人员数量，使工厂实现有序管理，如图3.22所示。

与传统混凝土加工工艺相比，全自动预制构件生产线具有工艺设备水平高、全程自动控制、操作工人少、人为因素引起的误差小、加工效率高、后续扩展性强等优点。

全自动生产线的工作步骤如下：在生产线上，通过计算机中央控制中心，按工艺要求依次设置若干操作工位，托盘自身装有行走轮或借助辊道的传送，在生产线行走过程中完成各道工序，然后将已成型的构件连同底模托盘送进养护窑，直至脱模，实现设备全自动对接。

建筑形体、建筑结构体系和构件的生产成本，是影响预制构件选择工艺的关键因素。

品种单一的板式构件，且不出筋和表面装饰不复杂，使用流水线可以实现自动化和智能化，能够获得较高的效率。总之，全自动生产流水线只有在构件标准化、规格化、专业化、单一化和数量大的情况下，才能实现自动化和智能化。

图3.22　德国艾巴维公司制作的全自动PC流水线

3.2.3　装配式混凝土预制构件的生产工艺流程

图3.23　底模清扫

PC生产系统由PC生产线、钢筋生产线、混凝土拌和运输、蒸汽生产输送、车间门吊起运五大生产系统组成。其中，PC生产线为主线，钢筋生产线、混凝土拌和运输、蒸汽生产输送和车间门吊起运系统为辅助。本书主要介绍常见的混凝土预制构件工厂生产工艺流程。

1）叠合楼板生产工艺流程

叠合楼板可采用固定模台生产，也可采用流水线生产工艺，下面主要介绍固定模台法的生产工艺流程。

（1）模台清理

对模台表面进行清扫，确保模台面无锈迹，使其无杂物，如

图 3.23 所示。

(2)模具清理

将钢侧模清理干净,无残留砂浆。所有模具拼接处均用刮板清理干净,保证无杂物残留。确保组模时无尺寸偏差。

(3)定位画线

根据图纸画出叠合板边模的位置,便于组模。

(4)组模

组模前检查清模是否到位,如发现模具清理不干净,不得进行组模。按照图纸进行模板侧模和端模拼装,用紧固螺栓将其固定,并用固定瓷盒将模具固定在模台上,确保模具不会在模台上移动,如图 3.24 所示。

(5)涂刷隔离剂

在将成型钢筋吊装入模前,在模板侧面和模台上涂刷隔离剂。隔离剂可采用涂刷或者喷涂方式,涂刷隔离剂应注意以下几点:

①涂刷隔离剂前检查模具清理是否干净。

②隔离剂必须采用水性隔离剂,且需时刻保证抹布(或海绵)及隔离剂干净无污染。

③用干净抹布蘸取隔离剂,拧至不自然下滴为宜,均匀涂抹在底模和模具内腔,保证无漏涂。

④涂刷隔离剂后的模具表面不准有明显痕迹。

图 3.24　叠合板模具拼装　　　　　图 3.25　叠合楼板底层钢筋摆放

(6)钢筋骨架安装

①底层钢筋摆放要点:根据构件图纸中的料表,选取正确规格形状的底层钢筋;按照模具开槽间距,逐一将构件放入模具槽中;根据构件图纸中标示的尺寸,控制每边钢筋伸出长度,如图 3.25 所示。

②面层钢筋和吊环摆放要点:根据构件图纸中的料表,选取正确规格形状的面层钢筋;当为双向板时,按照模具开槽间距,逐一将钢筋放入模具槽中,控制每边钢筋伸出长度;当为单向板时,根据图纸标注的钢筋间距放置钢筋;注意摆放时钢筋间距和距边保护层;根据图纸位置放置吊环钢筋,如图 3.26 所示。

③网片钢筋、吊环绑扎要点：根据《混凝土结构工程施工规范》（GB 50666—2011）中5.4.7条的规定，钢筋的绑扎搭接接头应在接头中心和两端用铁丝扎牢；板上部钢筋网的交叉点应全数绑扎，底部钢筋网除边缘部分外可间隔交错绑扎。最后将吊环绑扎在网片相应位置上，如图3.27所示。

图3.26　叠合楼板面层钢筋摆放

图3.27　叠合楼板吊环绑扎

图3.28　叠合楼板桁架筋绑扎

④桁架钢筋摆放与绑扎要点：根据构件图纸选取正确规格尺寸的桁架钢筋，按照图纸放置在正确的位置，并绑扎在网片上，可间隔交错绑扎，间距不大于200 mm，如图3.28所示。

（7）安装预埋件、预留洞口

根据图纸进行预埋件的安装和预留孔洞的留设。叠合板预埋件主要是电盒、吊环，如图3.29所示。预留孔洞，一般为上下水套管、叠合楼板设计缺口（图3.30）等。

图3.29　预埋电盒、吊环

图3.30　叠合板预留洞口

（8）浇筑混凝土

露天进行固定模台预制叠合楼板时，可用吊车吊运料斗浇筑混凝土，也可用叉车运送混凝土料斗，龙门吊布料浇筑。车间内混凝土的运输多采用悬挂式输送料斗。

如果模台下未安装振动器，振捣时可采用振捣棒或平板振动器。振捣至混凝土表面泛浆，不再下沉，无气泡溢出为止。

（9）混凝土抹面、拉毛

混凝土振捣密实后，用木抹子抹平叠合楼板表面。叠合楼板由于其特性要求上表面粗糙面，流水生产线一般采用拉毛机进行机械拉毛，在固定模台上生产时，一般采用人工拖曳拉毛器进行拉毛，如图 3.31 所示。

图 3.31　叠合楼板表面人工拉毛作业

（10）养护

养护环节主要分为自然养护和蒸汽养护两种。环境温度较高且工期满足要求，可采取自然养护措施。环境温度过低或要求模具及场地快速周转的，则可采取蒸汽养护措施。

（11）脱模、起吊

预制构件的强度一般应达到设计强度的 75%，能够进行脱模、起吊。叠合楼板由于它自身特性，脱模时采用平吊，不需要翻转起吊。叠合楼板一般采用 4 点、6 点或者 8 点起吊。叠合楼板吊装时需严格按照图纸标识的吊点位置吊装。如图 3.32 所示为叠合楼板脱模。

图 3.32　叠合楼板脱模

2）三明治外墙板生产工艺

三明治外墙是在预制过程中将保温层夹在两层墙板中间像三明治而得名。三明治外墙板分为饰面层、保温层和结构层，如图 3.33 所示，通过连接件（材质为高强玻璃纤维）将饰面层、保温层、结构层拉结成一个整体，在生产时一次成型，从而实现外墙板结构装饰保温一体化。

三明治外墙板的生产工艺较为复杂，技术和质量要求较高，三明治外墙板主要工艺流程如图 3.34 所示。

图 3.33　三明治外墙构造图

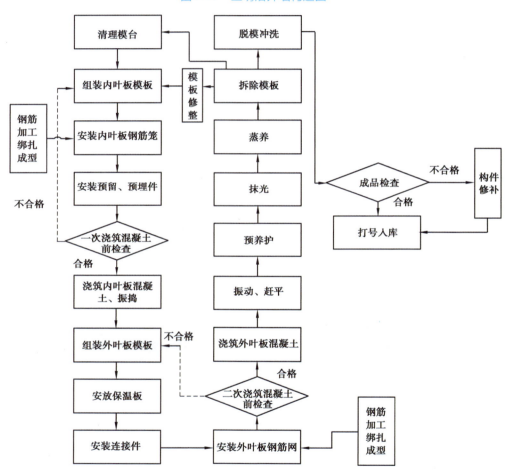

图 3.34　三明治外墙板主要工艺流程

（1）清理模台

使用模台清扫机进行清理,清扫滚筒自动平稳升降,下端自带刮板和垃圾废弃物回收料斗,将台面上局部混凝土碎块、砂浆等杂物清理干净,如图 3.35 所示。

图 3.35　模台清扫机

（2）喷涂隔离剂

模台清扫打磨干净后，运行至喷涂机位前，如图 3.36 所示。随着模台端部进入喷涂机，喷油嘴开始自动进行隔离剂的雾化喷涂作业。可通过调整作业喷嘴的数量、喷涂的角度和时间来调整模台面隔离剂喷涂的厚度、宽度和长度。

（3）画线

喷涂完毕，模台运行至画线工位，如图 3.37 所示。画线机识别读取数据库内输入的构件加工图和生产数量，在模台面进行单个或多个构件的轮廓线（模板边线）、预埋件安装位置的喷绘。有门窗洞口的墙板，应绘制出门洞、窗口的轮廓线。

图 3.36　自动喷涂机

图 3.37　自动画线机

（4）模具组合

喷涂画线工作结束后，模台输送内叶板组模和钢筋安装工位。清理干净内叶模板后，工人按照已画好的组装边线，进行内叶板模板的安装。按照边线尺寸先安放内叶模板的侧板，再安装另外两块端模，拧紧侧模与端模之间的连接螺栓。螺栓连接后，模板外侧用瓷盒进行固定。

（5）钢筋网片安装

将绑扎好的内叶板钢筋网片吊入模板，如图 3.38 所示，并安装好垫块。在模板表面涂刷隔离剂。要保证涂刷均匀，不漏刷，不流淌。

(6)预埋件安装

组模和钢筋安装完成后,模台运转到预埋件安装工位。开始安装钢筋连接灌浆套筒,支撑点内螺旋、构件吊点、模板加固内螺旋、电线盒、穿线管等各种预埋件和预留工装。

(7)一次浇筑、振捣内叶板混凝土

模板、钢筋和预埋件安装完毕后,再次对模板、钢筋、预埋件安装位置进行检查,符合要求后模台运行至一次混凝土浇筑工位。输送料斗通过上悬式轨道,从搅拌站将拌和好的混凝土输送至车间内布料机的上方,进行卸料作业。布料机往内叶板内自动布料时,需要根据构件浇筑宽度、有无开口、混凝土坍落度等参数设置浇筑程序,调整布料机自动分段和开口参数。混凝土浇筑完毕后抬升模台并锁定在振动台上,根据构件混凝土的厚度、混凝土方量调整振动频率和时间,确保混凝土振捣密实。

内叶板混凝土浇筑振捣完成后,用木抹将混凝土表面抹平,确保表面平整,如图3.39所示。

图3.38　钢筋网片安装　　　　　图3.39　内叶板混凝土浇筑

每次工作完毕后,要及时清理和清洗混凝土输料斗、布料斗。清理出的废料、废水要转运至垃圾站处理。振动完成后,振动台下降到模台底与导向轮、支撑轮接触,模台流转到下一个工位。

(8)组装外叶板模板、安装保温板

安装上层的外叶板模板,上下层模板采用螺栓连接固定牢固。在模板表面涂刷隔离剂。

在内叶板混凝土未初凝前,将加工拼装好的保温板逐块在外叶模板内安放铺装,使保温板与混凝土表面充分接触,保温板整体表面需平整。

保温板要提前按照构件形状,设计切割成型,并在模台外完成试拼。

图3.40　玻璃纤维连接件

(9)安装连接件和外叶板钢筋

连接件是保证预制夹心保温外墙板内、外叶墙板可靠连接的重要部件。纤维增强塑料(Fiber Reinforced Polymer,FRP)连接件和不锈钢连接件是目前应用最普遍的两种连接件。

采用玻璃纤维连接件时,如图3.40所示,在铺设好的保温板上,按照连接件设计图中的几何位置,进行开孔。

将连接件穿过孔洞,插入内叶板混凝土,将连接件旋转 90°后固定。

采用钢制连接件,则根据需要,用裁纸刀在挤塑板上开缝,或将整块保温板裁剪成块,围绕连接件逐块铺设。必须按照厂家提供的连接件布置图,进行连接件的布置安装,且经过受力验算合格。在保温板安装完毕后,用胶枪将板缝、连接件安装留下的圆形孔洞注胶封闭。

(10) 安装外叶板钢筋

将加工好的钢筋网片吊入铺设到保温板上的外叶板模板内,安装垫块,保证保护层厚度。尽量不要碰撞已安装好的连接件。对在钢筋安装过程中,被触碰移位的连接件,需要重新就位。

(11) 二次浇筑、刮平振捣外叶板混凝土

在二次浇筑工位,首先检查校核外叶板模板尺寸和钢筋网保护层,确保符合设计和施工规范要求后再进行外叶板混凝土的浇筑。浇筑混凝土时,人工辅助整平,使混凝土的高度略高于模板。进入振捣刮平工位后,振捣刮平梁对混凝土表面,边振捣边刮平,直到混凝土表面出浆平整为止(图 3.41)。根据外叶板混凝土的厚度,调整振捣刮平梁的振频,确保混凝土振捣密实。可局部人工再次刮平修整(图 3.42)。

图 3.41　布料振捣

图 3.42　刮平修整

(12) 构件预养护、板面抹光

构件外叶板完成表面振捣刮平后,进入预养护窑内,对构件混凝土进行短时间的养护。通过干蒸,利用蒸汽管道散发的热量维持预养窑内的温度。窑内温度控制在 30～35 ℃,最高温度不得超过 40 ℃。

在预养窑内的 PC 构件完成初凝,达到一定强度后,出预养窑,进入抹光工位(图 3.43)。抹光机对构件外叶板面层进行搓平抹光。如果构件表面平整度、光洁度不符合规范要求,需再次作业。

图 3.43　板面抹光

（13）构件养护

构件抹光作业结束后，进入蒸养工位，码垛机将 PC 构件连同模台一起送入立体蒸养窑（图 3.44）进行养护。

3）剪力墙板生产工艺

装配式混凝土结构得到广泛应用，剪力墙作为高层建筑的重要构件，其预制化水平影响整个结构的预制化水平。目前，剪力墙板一般都在工厂预制生产，其具体工艺流程如下：

（1）模台、模具清理

对模台表面进行打磨处理，确保模台面无锈迹，使其无杂物。模具安装前必须进行清理，清理后的模具内表面的任何部位不得有残留杂物，如图 3.45 所示。

图 3.44　立体蒸养窑　　　　　　图 3.45　底模清洁装置

（2）模台定位画线

模台定位画线有人工画线和机械自动化画线两种。

①人工画线：操作工人结合设计图纸用墨斗、尺子等工具在模台上画出墙板的轮廓线。

②机械自动化画线：根据设计图纸，标绘器根据 CAD 数据获得的混凝土构件轮廓，以 1：1 的比例用水溶性颜料，将轮廓绘制在底模托盘的表面，如图 3.46 所示。

（3）模具组装

按照放线位置正确摆放模具，使用装模工具将模具挡边安装固定在台车上，如图 3.47 所示。注意，需保证挡边的位置尺寸及垂直度。

（4）喷涂隔离剂

模具验收合格后在模具面均匀涂刷脱模剂，模具夹角处不得漏涂，钢筋、预埋件不得沾有脱模剂。脱模剂应选用质量稳定、适于喷涂、脱模效果好的水性脱模剂，并应具有改善混凝土构件表观质量效果的功能，如图 3.48 所示为脱模剂喷洒装置。

（5）安装钢筋

根据设计图纸要求在模具内摆放钢筋，布置钢筋保护层垫块。根据要求绑扎钢筋，安装模具挡浆橡胶块，如图 3.49—图 3.53 所示。

图 3.46　自动画线装置

图 3.47　剪力墙模具的侧模

图 3.48　脱模剂喷洒装置

①水平钢筋摆放:根据构件图纸选取正确规格、形状的水平筋,穿入模具槽中,注意水平箍筋尺寸,通常情况下,墙板底部和墙身处的箍筋尺寸会有差别,底部有灌浆套筒,箍筋会比墙身处宽。

②竖向钢筋摆放:根据构件图纸选取正确规格的竖向连接钢筋(灌浆套筒已经连接稳固,并检验合格),从墙底边穿入,从水平筋上下层中间穿过,插入模具上挡边的孔中,底部灌浆套筒和模具下挡边上灌浆套筒固定器连接;顶部纵向钢筋穿过模具上挡边通孔,采用锥形橡胶块定位固定;根据构件图纸选取正确直径和长度的竖向网片筋,从墙顶部穿入。

③绑扎钢筋:根据《混凝土结构工程施工规范》(GB 50666—2011)中 5.4.7 条的规定,钢筋的绑扎搭接接头应在接头中心和两端用铁丝扎牢,扎丝绑扎要求牢固,扎头不能向下碰触台车面,防止浇捣后外饰面露扎头。墙、柱、梁钢筋骨架中各竖向面钢筋网交叉点应全数绑扎。

④放置保护层垫块:垫块放置数量为 4 个/m^3,垫块高度符合设计混凝土保护层厚度要求。

⑤拉结筋放置及绑扎:根据图纸要求放置拉结筋,并绑扎牢固。

⑥吊环安装与绑扎:选取正确规格的吊环,绑扎并做好加强处理。

⑦安装挡浆工装:使用槽口挡浆橡胶块或其他挡浆材料封堵模具水平钢筋槽口,要求安装稳定牢固,浇筑振捣过程不位移。

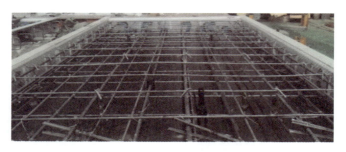

图 3.49   剪力墙水平、竖向钢筋摆放

图 3.50   剪力墙拉结筋放置

图 3.51   剪力墙吊环绑扎

图 3.52   剪力墙钢筋保护层垫块放置

图 3.53   剪力墙箍筋堵浆件安装

（6）预留、预埋件安装

根据图纸要求安装预埋件或预留洞口。主要有线盒、吊环、吊钉、套筒、预留对穿孔等。预埋件应固定牢固，在混凝土浇筑、振捣过程中不位移，保证预留预埋位置准确。

①线盒线管。根据设计图纸线盒位置，画线定位。反面线盒固定采用磁性固定件，根据定位画线位置，吸附与台模面，复测磁性固定件尺寸，如图3.54所示；正面线盒采用悬挑工装固定，将悬挑工装用螺栓固定在侧边模上，保证位置正确牢固，如图3.55所示；根据线管孔位及线管大小规格在线管固定橡胶块，采用螺栓将其固定在侧挡边预定位置。将预定半成品线盒及线管安装在固定工装上，保证线盒管线位置准确，固定牢靠。

图 3.54　剪力墙反面线盒安装

图 3.55　剪力墙正面线盒安装

②预留预埋。预留预埋附件主要有套筒、吊钉、孔洞、连接件等,根据设计图纸进行定位画线。根据画线位置及模具预留开孔位置,固定预埋工装,如磁性固定件、螺栓、悬挑工装等;将需要预留预埋的附件安装在固定工装上,安装稳固,位置准确。如图 3.56 所示为剪力内墙预留预埋安装。

图 3.56　剪力内墙预留预埋安装

③灌浆套筒。固定灌浆套筒,将灌浆套筒上端与纵向钢筋连接,然后将灌浆套筒的另一端通过定位橡胶块固定在端模上,完成灌浆套筒的固定。

灌浆套筒进、出浆孔安装:如果采用正打工艺,用波纹管一端连接在灌浆套筒进浆孔与出浆孔上,波纹管另一端与吸附在模台上的磁钉连接;如果采用反打工艺,应调节灌浆套筒进、出浆孔的方向并使其向上,然后将 PVC 管安装在上面,如图 3.57 所示。

(7)混凝土浇筑

混凝土浇筑前应按图纸要求检查钢筋及预留预埋。混凝土操作工人根据所浇筑构件混凝土方量报料,布料机精准布料,按要求振捣混凝土,完成混凝土浇筑,如图 3.58 所示。

图 3.57　剪力墙灌浆套筒安装

图 3.58　剪力墙混凝土浇筑

(8)赶平、抹面、收光

墙板类构件,表面要求平整,因此,在混凝土浇筑后应进行赶平(图 3.59)、抹面、收光(图 3.60)。

图 3.59　剪力墙混凝土赶平　　　　　图 3.60　剪力墙混凝土抹光

(9)养护

自然养护生产形式,根据现场条件、气候和天气等综合考虑,采用覆盖塑料薄膜,或覆盖草毡洒水养护;蒸汽养护生产形式,安装操作标准、操作流程进行养护窑入窑操作。

(10)拆模、翻转起吊

拆模操作工人使用拆模工具先拆除固定工装,然后依次拆除挡边模具,并将挡边模具和工装整理统一摆放。

翻转台将墙板翻转便于起吊,吊装操作工采用专用吊架将构件从台车上吊起,经检测合格后,吊入成品库存放,如图 3.61 所示。

图 3.61　翻转起吊

4)预制楼梯生产工艺

预制楼梯在构件厂的生产方式主要有卧式生产和立式生产两种。

卧式楼梯模具相对于立式而言,虽然安放钢筋笼、浇筑混凝土都较为方便,但是卧式模具生产的楼梯在脱模堆放时,会多一道翻转工序,预埋件安装比立式多;楼梯背面滴水线还需人工用压条形成,而立式则通过模具即可一次成型。

立式楼梯模具除钢筋安装较为麻烦,混凝土浇筑时有漏浆的风险外,其生产方便性、效率性、成型质量都好于卧式,因而,构件厂一般都采用立式生产方式制作楼梯。预制楼梯立式生产工艺流程如图 3.62 所示。

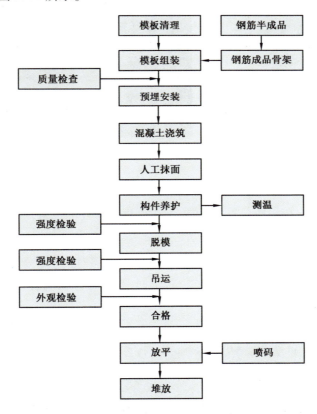

图 3.62　预制楼梯立式生产工艺流程图

(1)模具清理

用钢丝球或刮板将残留混凝土及其他杂物清理干净,使用压缩空气将模具内腔吹干净,以用手擦拭手上无浮灰为准,如图3.63所示。所有模具拼接处均用刮板清理干净,保证无杂物残留,确保组模时无尺寸偏差。

(2)涂刷隔离剂

涂刷隔离剂前检查模具清理是否干净,用干净抹布蘸取隔离剂,拧至不自然下滴为宜,均匀涂抹在底模和模具内腔,保证无漏涂。涂刷隔离剂后的模具表面不得有明显痕迹。

(3)钢筋绑扎

预制楼梯钢筋笼首先要熟悉图纸,根据楼梯设计图纸的规定准确把握好保护层的尺寸、钢筋的弯曲度及规格数量间距,不可漏扎多扎且钢筋不应弯曲,表面应光滑、无油污、锈迹。绑扎时,上下纵筋、边缘纵筋、边缘加强筋则须将全部钢筋交叉点扎牢;中间上下分布筋交叉点可相隔交错扎牢,踏步钢筋笼在绑扎时,应设置撑铁或绑扎架以固定钢筋的厚度间距,既可保证楼梯钢筋笼的厚度尺寸要求,也可大大提高钢筋笼的规整,使钢筋笼不易变形。楼梯钢筋绑扎如图3.64所示。

图3.63　模具清理　　　　　　　　　　图3.64　楼梯钢筋绑扎

(4)预留预埋

根据设计图纸要求在相应位置留设预埋件,确保预埋件的位置误差在允许范围内。

(5)合模

立式模具较为复杂,主要由一个踏步模具、一个底模连接侧模、两个端部模具构成。使用密封胶条将模具周边密封,移动一侧的模板滑回,与固定一侧模板合在一起,关闭模具,用连接杆固定模具,并紧固螺栓,如图3.65和图3.66所示。

图3.65　预制楼梯模具

图 3.66　预制楼梯合模

(6)混凝土浇筑、振捣

将装满混凝土的料斗调运至楼梯模具上,打开布料口卸料。按照分层、对称、均匀的原则,每 20～30 cm 一层浇筑混凝土。振动棒应快插慢拔,每次振捣时间为 20～30 s。以混凝土停止下沉、表面泛浆,不冒气泡为止。也可通过楼梯模具外侧的附着式振动器,进行楼梯混凝土的振捣密实。

(7)养护

养护环节主要分为自然养护和蒸汽养护两种。环境温度较高且工期满足要求,可采取自然养护措施。环境温度过低或要求模具及场地快速周转的,则可采取蒸汽养护措施。楼梯混凝土的蒸汽养护应按照相关技术规范及要求进行。

(8)脱模

拆模顺序是先松开预埋件螺栓的紧固螺丝,再解除两块侧模之间的拉杆连接,然后再横移滑出一侧的模板。

(9)起吊堆放

用撬棍轻轻移动楼梯构件,穿入吊钩后慢慢起吊,将楼梯构件至临时堆放场地进行检查清洗并进行标识,如图 3.67 和图 3.68 所示。

图 3.67　楼梯起吊

图 3.68　楼梯现场堆放

3.3 预制构件的堆放和运输

3.3.1 预制构件的堆放

预制混凝土构件如果在存储环节发生损坏、变形将会很难补修,既耽误工期又造成经济损失。因此,大型预制混凝土构件的存储方式非常重要。构件堆放分为车间内临时存放和车间外(堆场)存放。总的来说,预制构件的堆放主要应注意以下事项:

①预制构件要分门别类,按"先进先出"原则堆放;应堆放在起吊设备的覆盖范围内,避免二次搬运。

②预制构件堆放要尽量做到"上小下大,上轻下重,不超安全高度"。

③预制构件不得直接置于地上,必要时加垫板、工字钢、木方予以保护存放。

④预制构件应做好相应标识,储存场地须适当保持通风、通气。

下面介绍几种常见预制构件的储放方式。

1)叠合楼板

根据标准图集规定:叠合楼板堆放时,堆放场地应平整压实,如图3.69所示。应将板底向下平放,不得倒置。叠合板下部放置通长方木,垫木必须上下对齐、垫木垫实,不得有一角脱空现象。不同板号应分别堆放,每垛堆放层数不宜超过相关规范要求。

2)墙板

民用建筑墙板在临时存放区使用专用竖向墙体存放支架内立式存放,如图3.70所示。墙板采用立方专用存放架存储,墙板宽度小于4 m时,墙板下部垫2块100 mm×100 mm×250 mm木方,分别设置在两端距墙边30 mm处。墙板宽度大于4 m或带门口洞时墙板下部垫3块100 mm×100 mm×250 mm木方,分别设置在两端距墙边300 mm处及墙体重心位置处。

而工业建筑使用的外挂墙板,由于高度较大,受生产车间门高度限制,需要侧立存放。

图3.69 叠合楼板现场堆放

图 3.70　预制墙板现场堆放

3）楼梯

楼梯应分型号放在指定的储存区域,存放区域地面应保证水平,如图 3.71 所示。楼梯进场后用塔吊进行吊卸,堆放高度不超过 6 层,每层间需用通长木方垫起,上下层楼梯垫木的位置必须对齐,严禁集中堆载。

图 3.71　预制楼梯现场堆放

4）叠合梁

叠合梁应分型号、水平放置在指定的储存区域,存放区域地面应保证水平。在叠合梁起吊点对应的最下面一层采用宽度 100 mm 方木通长垂直设置,将叠合梁后浇层面朝上并整齐放置;各层之间在起吊点的正下方放置宽度为 50 mm 通长方木,要求其方木高度不小于 200 mm,层与层之间应垫平,各层方木应上下对齐,堆放高度不宜大于 4 层,如图 3.72 所示。

5）柱

预制柱采用平式存放,柱需分型号放置。底部与地面支垫方木,层间用块 100 mm× 100 mm×500 mm 的木方隔开,保证各层间木方水平投影重合,堆放层数不得超过相关规定,如图 3.73 所示。

6）飘窗

飘窗采用立方专用存放架存储,两端距墙边 300 mm 处各垫一块木方,墙体重心位置处一块,如图 3.74 所示。

图 3.72　叠合梁现场堆放

图 3.73　预制柱现场堆放

图 3.74　预制飘窗现场堆放

3.3.2　预制构件的运输

预制构件运输模拟动画

1）运输前的准备工作

预制构件的运输方案需要根据运输构件的实际情况,装卸车现场及运输道路的情况,施工单位或当地的起重机械和运输车辆的供应条件以及经济效益等因素,综合考虑确定运输方法、选择起重机械、运输车辆和运输路线。运输线路的制订应按照客户指定的地点及货物的规格和重量制订特定的路线,确保运输条件与实际情况相符。

预制构件运输的准备工作主要包括车辆组织、踏勘和规划运输路线、设计并制作运输架、验算构件强度、清查构件等。

(1)车辆组织

大批量的预制构件可借用社会物流运输力量,以招标的形式,确定构件运输车队。少量的构件,可自行组织车辆运输。发货前,应对承运单位的技术力量和车辆、机具进行审验,并报请交通主管部门批准,必要时需组织模拟运输。

(2)踏勘和规划运输路线

先进行运输路线的模拟规划,对每条运输路线所经过的桥梁、涵洞、隧道等结构物的承载能力、限高、限宽等实地考察并记载,进行详细调查记录,要确保构件运输车辆无障碍通过。运输构件的车辆经过城区道路时,要在与地方交通、交警协商确认的通过时间内通过,不扰民、不影响沿线居民休息。

（3）设计并制作运输架

根据构件的重量和外形尺寸进行设计制作,且尽量考虑运输架的通用性。

（4）验算构件强度

对钢筋混凝土屋架和钢筋混凝土柱子等构件,应根据运输方案所确定的构件装货方式、堆放层数,验算构件在最不利截面处的抗裂度,避免在运输中出现裂缝。如有出现裂缝的可能,应进行加固处理。

（5）清查构件

清查需要运输构件的型号、质量和数量,根据楼层构件布置图,核对将要装运构件的数量及编号是否正确,资料是否齐全,有无合格标志和出厂合格证书等。

2）预制构件的主要运输方式

预制构件的主要运输方式分为立式运输和平放运输。

（1）立式运输

对内、外墙板和 PCF 板等竖向构件多采用立式运输方案,如图 3.75 所示。在低盘平板车上安装专用运输架,墙板对称靠放或者插放在运输架上。

图 3.75　预制墙板专用运输车

（2）平放运输

预制叠合板、阳台、楼梯、梁、柱等 PC 构件宜采用平放运输,如图 3.76 和图 3.77 所示。

运输叠合楼板时一般可以叠放 6 层,在不影响质量安全的情况下可叠放 8 层,堆码时按产品的尺寸大小堆叠,不同宽度的叠合板不能相互叠放;第一块叠合板下须垫两根通长方木,方木与叠合板长度方向相同。叠合板与叠合板之间用小木方进行垫实。

运输预应力板时一般可以堆码 8~10 层,叠合梁一般可以叠放 2~3 层。

为了方便现场安装,一般采用水平叠放的方式运输楼梯。装车时楼梯与拖车板以及楼梯与楼梯之间均采用 20 cm×20 cm 的方木支垫。楼梯叠放层数以 4 层为宜,不能超过 6 层。层与层之间的方木须在上下同一位置。

此外,对一些小型构件和异型构件,多采用散装方式进行运输。

图 3.76　柱子运输

图 3.77　预制叠合板运输

3）其他注意事项

运输预制构件时,其他注意事项如下:

①运输时,构件的混凝土强度不应低于设计强度等级的 85%,薄壁构件强度应达到设计强度等级的 100%。

②根据施工现场吊装顺序,先运输先装配的构件,后运输后装配的构件。

③墙板吊起时检查墙板套筒内、楼梯预留孔、各预埋件内是否有混凝土残留物。如有,要及时清理干净后再装车运输。

④发货过程中,转运人员应积极配合调度,确保高质、高效地完成运输工作。

⑤装车时,应两面对称装车,保证挂车的平衡性,确保车辆运输安全。

无论装车或卸车,均应在设计吊点进行起吊。叠放在车上或堆放在现场上的构件,构件之间的垫木要在同一条垂直线上,且二侧垫木的厚度应相等。

⑥构件在运输前要固定牢靠,防止在运输时倾倒。对重心高、底部支承面窄的构件,要用支架辅助固定。

⑦为防止运输过程中,车辆颠簸对构件造成损伤,构件边角部及构件与捆绑、支撑接触处,宜采用柔性垫衬加以保护。支架上应捆裹橡胶垫等柔性材料,并用钢丝绳将构件和车体连接牢固。设紧线器,防止构件移动和倾倒。

⑧紧固构件时,在绳索与构件接触处安装弧形高强塑胶垫块,防止构件与绳索之间摩擦造成构件掉角或绳索破损。

⑨构件长距离运输途中应注意检查紧线器的牢固状况,发现松动必须停车紧固,确认牢固后方可继续运行。

⑩出运 PC 构件需开具出库交接单、合格证,并按工厂要求认真填写,不错填、漏填。

3.4 装配式混凝土建筑施工

预制构件施工
模拟动画

3.4.1 施工准备

1) 安装施工方案编制与技术交底

(1) 预制构件安装专项施工方案

根据住房城乡建设部办公厅《危险性较大的分部分项工程安全管理规定》,施工方案是施工组织设计的补充和完善,是项目管理人员对分部分项工程、重点施工部位及复杂工序质量控制的依据。为加强对危险性较大的分部分项工程安全管理,危险性较大的分部分项工程应编制专项施工方案。《危险性较大的分部分项工程安全管理规定》规定:

①以下起重吊装及安装拆卸工程范围属于危险性较大的分部分项工程,应编制专项施工方案:

a. 采用非常规起重设备、方法,且单件起吊重量在 10 kN 及以上的起重吊装工程。

b. 采用起重机械进行安装的工程。

c. 起重机械设备自身的安装、拆卸。

②以下起重吊装及安装拆卸工程范围属于超过一定规模的危险性较大的分部分项工程,施工单位应组织专家对专项方案进行论证:

a. 采用非常规起重设备、方法,且单件起吊重量在 100 kN 及以上的起重吊装工程。

b. 起重量在 300 kN 及以上,或搭设总高度在 200 m 及以上,或搭设基础标高在 200 m 及以上的起重机械安装和拆卸工程。

c. 目前大部分装配式结构安装工程均属于危险性较大的分部分项工程,应编制专项施工方案,超过一定规模的危险性较大的分部分项工程,应组织专家对专项方案进行论证。

(2) 专项方案内容

一般情况下,施工方案包括以下几个方面:

①工程概况:危险性较大的分部分项工程概况和特点、施工平面布置、施工要求和技术保证条件。

②编制依据:相关法律、法规、规范性文件、标准、规范及施工图设计文件、施工组织设计等。

③施工计划:包括施工进度计划、材料与设备计划。

④施工工艺技术:技术参数、工艺流程、施工方法、操作要求、检查要求等。

⑤施工安全保证措施:组织保障措施、技术措施、监测监控措施等。

⑥施工管理及作业人员配备和分工:施工管理人员、专职安全生产管理人员、特种作业人员、其他作业人员等。

⑦验收要求:验收标准、验收程序、验收内容、验收人员等。

⑧应急处置措施。

⑨计算书及相关施工图纸。

预制构件安装施工方案具体内容包括以下几个方面：

①工程概况：概要描述工程名称、位置、建筑面积、结构形式、层高、预制装配率、起重吊装部位、预制构件的重量和数量、形状、几何尺寸,预制构件就位的楼层等。施工平面预制构件现场布置、施工要求和技术保证条件、施工计划进度要求。

②编制依据：概要描述相关法律、法规、规范性文件、标准、规范及图纸、国标图集、施工组织设计、计算软件等。

③施工部署：组织架构及人员职责、材料及堆放、施工设备及器具要求、技术要求、施工进度计划、预制构件生产及分批进场计划、周转模板及支设工具计划、劳动力计划、预制构件安装计划。

④预制构件吊装机械情况：描述预制构件运输设备、吊装设备种类、数量、位置,描述吊装设备性能,验算构件强度,吊装设备运输线路、运输、堆放和拼装工况。

⑤预制构件施工工艺：描述验算预制构件强度,描述整体、后浇拼装方法、介绍预制构件吊装顺序和起重机械开行路线,描述预制构件的绑扎、起吊、就位、临时支撑固定及校正方法,介绍预制构件之间钢筋连接方式和预制构件之间混凝土连接方式,介绍吊装检查验收标准及方法等。

⑥质量保证措施：根据质量计划,明确原材料、构件进场质量验收要点与程序,现场施工质量管理要求,验收质量管理要求,常见的质量问题分析与处理。

⑦安全文明措施：描述施工安全组织措施和技术安全措施,描述危险源辨识及安全应急预案内容。

⑧计算书及图纸情况：起重机械的型号选择验算、预制构件的吊装吊点位置、强度、裂缝宽度验算、吊具吊索横吊梁的验算、预制构件校正和临时固定的稳定验算、承重结构的强度验算、地基承载力验算等。施工相关图纸,如预制构件深化设计和拆分设计施工图,预制构件场区平面布置图、预制构件吊装就位平面布置图、吊装机械位置图、开行路线图等图示。

（3）专项方案的编制与审批

专项方案应当由施工单位技术部门组织本单位施工技术、安全、质量等部门的专业技术人员进行审核,经审核合格的,由施工单位技术负责人签字;实行施工总承包的,专项施工方案应由施工总承包单位组织编制。危险性较大的分部分项工程实行分包的,专项施工方案可以由相关专业分包单位组织编制;危险性较大的分部分项工程实行分包并由分包单位编制专项施工方案的,专项施工方案应由总承包单位技术负责人及分包单位技术负责人共同审核签字并加盖单位公章,不需专家论证的专项方案,经施工单位审核合格后报监理单位,由项目总监理工程师审核签字。超过一定规模的危险性较大的分部分项工程专项方案应由施工单位组织召开专家论证会。

（4）构件安装技术交底内容及要求

根据《建设工程安全生产管理条例》规定,建设工程施工前施工单位负责项目管理的技术人员应对有关安全施工的技术要求向施工作业班组、作业人员作出详细说明,并由双方签字确认。专项工程技术交底分为设计技术交底、专项施工方案交底和施工安装要点交底。

①设计技术交底。设计技术交底就是将深化施工图纸中有关预制构件性能、规格进行

交底。具体包括预制构件中钢筋、混凝土强度，预制构件中结构、装饰、设备专业的预留预埋管线、盒箱，预制构件中连接方式、连接材料性能、现浇结构的做法和细部构造等，技术人员通过文字、图纸、表格等形式向作业班组进行交底。

②专项施工方案交底。内容包括工程概况，拆分和深化设计要求，质量要求，工期要求，施工部署，现场堆放场地要求，运输吊装机械选用，预制构件进场时间、预制构件安装工序安排，预制构件安装竖向和斜向支撑要求，后浇混凝土钢筋、模板和浇筑要求，工程质量保证措施，安全施工及消防措施，绿色施工、现场文明和环境保护施工措施等。

③施工安装要点交底。将每种做法的工序安排、基层处理、施工工艺、细部构造。技术人员通过文字、图纸、表格等形式向作业班组进行交底。

2）吊装机械设备准备

（1）吊装机械设备

①塔式起重机（塔吊）。塔式起重机具有提升、回转、水平输送等功能，不仅是重要的吊装设备，还是重要的垂直运输设备，用其垂直和水平吊运长、大、重的物料仍为其他垂直运输设备（施）所不及。

塔式起重机分类，见表3.1。

表 3.1 塔式起重机分类

分类方式	类别
按固定方式分	固定式、轨道式、附墙式、内爬式
按架设方式分	自升、分段架设、整体架设、快速拆装
按塔身构造分	非伸缩式、伸缩式
按臂构造分	整体式、伸缩式、折叠式
按回转方式分	上回转式、下回转式
按变幅方式分	小车移动、臂杆仰俯、臂杆伸缩
按控速方式分	分级变速、无级变速
按操作控制方式分	手动操作、计算机自动监控
按起重能力分	轻型（≤80 t·m）、中型（≥80 t·m，≤250 t·m）
	重型（≥250 t·m，≤1 000 t·m）、超重型（≥1 000 t·m）

吊装施工作业前对塔吊做好如下检查：检查塔吊的各安全装置、传动装置、指示仪表、主要部位连接螺栓、钢丝绳磨损情况、供电电缆等是否符合有关规定；同时按有关规定进行塔吊试运转。

②自行式起重机。常见的有履带式起重机（图3.78）、汽车式起重机、轮胎式起重机几种形式，其中，常用的汽车式起重机是一种使用汽车底盘的轮式起重机。其灵活性好、转移迅速、对道路无损伤。

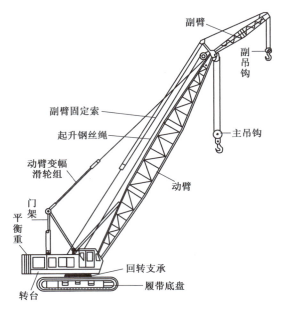

图 3.78　履带式起重机

近年来,常采用的履带式起重机的是具有履带行走装置的全回转起重机,它利用两条面积较大的履带着地行走,由行走装置、回转机构、机身及起重臂等部分组成。履带式起重机具备操作灵活、使用方便,起重臂可分节接长、机身可 360°回转等特点,在平坦坚实的道路上可负重行走,换装工作装置后可成为挖土机或打桩机使用,是一种多功能、移动式吊装机械,但是履带式起重机仍有不足,体现为行走速度慢,对路面破坏性大,长距离转移需平板拖车运输;稳定性较差,未经检验的履带式起重机容易出现侧翻。

履带式起重机使用前应做好相应的准备,包括明确起吊参数、根据参数选择起重设备、进行相应验算、检查、试用、明确其使用要点并做好安全技术交底。

a.明确起吊参数、根据参数选择起重设备。根据现场起吊要求,明确起重量 Q(所吊物件重量,不包括吊钩、滑轮组重量);起重高度 H(起重吊钩中心至停机面的垂直距离);回转半径 R(回转中心至吊钩的水平距离),根据参数选择起重设备,如图 3.79 所示,根据履带式起重机工作曲线(图 3.80)选择具体的起重机。

b.进行相应验算、检查、试用。履带式起重机在进行超负荷吊装或接长吊杆时,需进行稳定性验算,以保证起重机在吊装中不会发生倾覆事故。履带式起重机在车身与行驶方向垂直时,处于最不利的工作状态,稳定性最差,如图 3.81 所示,此时履带的轨链中心 A 为倾覆中心,起重机的安全条件为:

当只考虑吊装荷载时,稳定性安全系数 $K_1 = M_稳 / M_倾 = 1.4$。

当考虑吊装荷载及附加荷载时,稳定性安全系数 $K_2 = M_稳 / M_倾 = 1.15$。

履带式起重机启动前应按照规定进行各项检查和保养,启动后应检查各仪表指示值及运转是否正常,并进行试用。

c.明确其使用要点并做好安全技术交底。履带式起重机必须在平坦坚实的地面上作业,当起吊荷载达到额定重量的 90% 及以上时,工作动作应慢速进行,并禁止同时进行两种及以上动作。

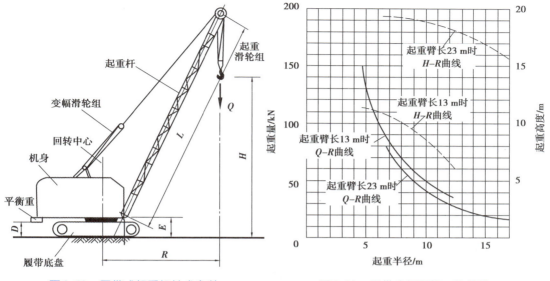

图 3.79　履带式起重机技术参数　　　　　　图 3.80　履带式起重机工作曲线

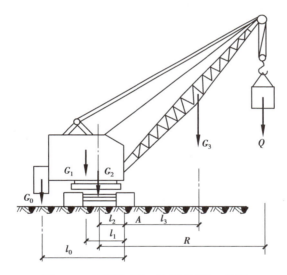

图 3.81　履带起重机稳定性验算示意图

应按规定的起重性能作业,严禁超载作业,如确需超载时应进行验算并采取可靠措施。

起重机带载行走时,载荷不得超过允许起重量的 70%。

负载行走时道路应坚实平整,起重臂与履带平行,重物离地不能大于 500 mm,并拴好拉绳,缓慢行驶,严禁长距离带载行驶,上下坡道时,应无载行驶。上坡时,应将起重臂扬角适当放小,下坡时应将起重臂的仰角适当放大,严禁下坡空挡滑行。

作业时,起重臂的最大仰角不应超过规定,无资料可查时,不得超过 78°,最低不得小于 45°。

采用双机抬吊作业时,两台起重机的性能应相近;抬吊时统一指挥,动作协调,互相配合,起重机的吊钩滑轮组均应保持垂直。抬吊时单机的起重载荷不得超过允许载荷值的80%。

作业后,吊钩应提升至接近顶端处,起重臂降至40°~60°,关闭电门,各操纵杆置于空挡位置,各制动器加保险固定,操纵室和机棚应关闭门窗并加锁。

遇大风、大雪、大雨时应停止作业,并将起重臂转至顺风方向。

(2)吊装配套机具索具

在装配式建筑吊装施工中,与吊装机械设备配套使用的还包括钢丝绳、吊钩、倒链、横吊梁、吊装带、卸扣、预制构件专用吊件等机具索具,在施工前均应准备到位。

①钢丝绳。钢丝绳是起重吊装作业中重要的工具,同时也是多种吊装机械设备必须的配套工具。

钢丝绳通常由多层钢丝捻成绳股,再由多股绳股绕绳芯为中心捻成绳,能卷绕成盘,因具有自重轻、强度高、弹性大、韧性好、耐磨、耐冲击,在高速下平稳运动且噪声小,安全可靠等特点,被广泛用于起重机及捆绑物体的起升、牵引、固定等吊装操作中,如图3.82所示。

图3.82 钢丝绳及构造

吊装前,应对钢丝绳进行安全检查,主要包括破断拉力验算、磨损或腐蚀量检查、断丝检查,打结、波浪、扁平等其他可能影响吊装安装的检查。

②吊钩。吊钩按制造方法可分为锻造吊钩和片式吊钩。在建筑工程施工中,通常采用锻造吊钩,这类吊钩采用优质低碳镇静钢或低碳合金钢锻造而成,继而又可分为单钩和双钩(图3.83),单钩一般用于较小的起重量,双钩多用于较大的起重量。

③倒链。倒链是一种使用简单、携带方便的手动起重机械,也称"环链葫芦"或"手动葫芦"(图3.84)。倒链在预制构件吊装中使用比较广泛,适用于小型设备或物体的短距离吊装,常用作拉紧缆风绳及拉紧捆绑构件的绳索等。由于装配整体式混凝土结构吊装起重机只能进行初步就位,无法进行预制构件精确就位,因此,可等预制构件吊装中初步就位后,由人工操作倒链使预制构件精确就位,弥补大型机械精度准确性不足的问题。

④横吊梁。横吊梁俗称铁扁担、扁担梁,常用于梁、柱、墙、叠合板等构件的吊装,用横吊梁吊运构件时,可防止因起吊受力,对构件造成的破坏,便于构件更好地安装、校正,如图3.85所示。常用的横吊梁有框架吊梁和单根吊梁。

⑤吊装带。吊装带一般采用高强度聚酯长丝制作,根据外观可分为环形穿芯、环形扁平、双眼穿芯、双眼扁平四类(图3.86),吊装能力分别在1~300 t,对其起吊吨位一般采用国际色标来区分吊装带的吨位,紫色为1 t、绿色为2 t、黄色为3 t、灰色为4 t、红色为5 t、橙色为10 t、橘红色为12 t,同时带体上均有荷载标识标牌。

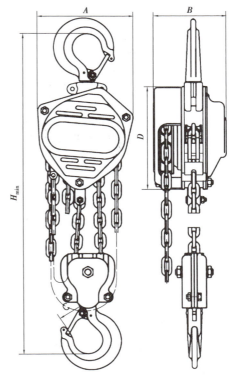

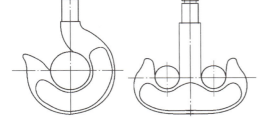

图 3.83　单钩和双钩吊钩

图 3.84　倒链

图 3.85　横吊梁

图 3.86　吊装带

⑥卸扣。卸扣是由 20 号低碳合金钢锻造后经热处理而制成的,是起重吊装中普遍使用的连接工具,用于吊索之间或吊索与构件吊环之间的连接。卸扣由弯环和销两部分组成,如图 3.87 所示。

⑦预制构件专用吊件。专门用于连接新型吊点(圆形吊钉、鱼尾吊钉、螺纹吊钉)的连接吊钩,注重吊钩与吊点预埋件的配套性,或者用于快速接驳传统吊钩的新型吊点预埋件,具有接驳快速、使用安全等特点,如图 3.88 所示。

图 3.87　卸扣

图 3.88　新型吊装连接件

3）场地准备

（1）场地总平面布置

根据项目总体施工部署,绘制现场不同施工阶段(期)总平面布置图,包含如下内容:

①项目施工用地范围内的地形状况。

②拟建建筑物和其他基础设施的位置。

③项目施工用地范围内的加工设施、运输设施、存储设施、供电设施、供水供热设施、排水排污设施、临时施工道路和办公用房、生活用房。

④施工现场必备的安全、消防、保卫和环保设施。

⑤相邻的地上、地下既有建(构)筑物及相关环境。

（2）现场管理

施工现场应实行封闭式管理,并应采用硬质围挡,市区主要路段的施工现场围挡高度不应低于 2.5 m,一般路段围挡高度不应低于 1.8 m。围挡应牢固、稳定、整洁。出入口管理,现场大门应设置警卫岗亭,在施工现场出入口标有企业名称或企业标识,主要出入口明显处应设置工程概况牌,大门内有施工总平面图、安全管理、环境保护、绿色施工、消防保卫等制度牌和宣传栏。

施工现场场容规范包括:施工平面图设计的科学、合理,临时建筑、物料堆放与机械设备定位应准确,施工现场场容绿色环保;在施工现场周边按照相关规范要求设置临时维护设施;现场内沿临时道路设置畅通的排水系统;施工现场主要道路应进行硬化处理,如采取铺设混凝土、碎石等方法;裸露的场地和堆放的土方应采取覆盖、固化或绿化等措施;施工现场土方作业采取防止扬尘措施,主要道路视气候条件洒水并定期清扫;建筑垃圾应设定固定区域封闭管理并及时清运。

环境保护方面,工程施工可能对环境造成的影响有大气污染、室内空气污染、水污染、土壤污染、噪声污染、光污染、垃圾污染等。对这些污染均应按有关环境保护的法规和相关规定进行防治。

消防保卫方面,必须按照《中华人民共和国消防法》的规定,建立和执行消防管理制度;现场道路应符合施工期间消防要求;设置符合要求的防火设施和报警系统;在火灾易发生地区施工和储存、使用易燃易爆器材,应采取特殊消防安全措施;现场严禁吸烟;施工现场严禁焚烧各类废弃物;严格现场动火证的管理。

(3)预制构件安装就位处准备

针对不同的预制构件,在安装前要进行预制构件安装就位处的准备,主要包括构件就位处打扫与清理、定位线和控制线的弹设、预制构件标高控制措施落实、预留钢筋检查符合等,具体的准备工作需要在构件吊装前进行,且不同预制构件的工作不尽相同,故在构件吊装环节中仍有部分准备工作。

(4)预制构件进场验收

预制构件进场前,应检查构件外观质量、出厂质量合格证明文件或质量检验记录。预制构件的外观质量不应有严重缺陷,见表3.2。

表 3.2　构件外观质量缺陷分类

名称	现象	严重缺陷	一般缺陷
露筋	构件内钢筋未被混凝土包裹而外露	纵向受力钢筋有露筋	其他钢筋有少量露筋
蜂窝	混凝土表面缺少水泥砂浆而形成石子外露	构件主要受力部位有蜂窝	其他部位有少量蜂窝
孔洞	混凝土中孔穴深度和长度均超过保护层厚度	构件主要受力部位有孔洞	其他部位有少量孔洞
夹渣	混凝土中夹有杂物且深度超过保护层厚度	构件主要受力部位有夹渣	其他部位有少量夹渣
疏松	混凝土中局部不密实	构件主要受力部位有疏松	其他部位有少量疏松
裂缝	缝隙从混凝土表面延伸至混凝土内部	构件主要受力部位有影响结构性能或使用功能的裂缝	其他部位有少量不影响结构性能或使用功能的裂缝
连接部位缺陷	构件连接处混凝土缺陷及连接钢筋、连结件松动,插筋严重锈蚀、弯曲、灌浆套筒堵塞、偏位,灌浆孔洞堵塞、偏位、破损等缺陷	连接部位有影响结构传力性能的缺陷	连接部位有基本不影响结构传力性能的缺陷
外形缺陷	缺棱掉角、棱角不直、翘曲不平、飞出凸肋等,装饰面砖黏结不牢、表面不平、砖缝不顺直等	清水或具有装饰的混凝土构件内有影响使用功能或装饰效果的外形缺陷	其他混凝土构件有不影响使用功能的外形缺陷
外表缺陷	构件表面麻面、掉皮、起砂、沾污等	具有重要装饰效果的清水混凝土构件有外表缺陷	其他混凝土构件有不影响使用功能的外表缺陷

预制构件的允许尺寸偏差及检验方法应符合表3.3的规定(预制构件有粗糙面时,与粗糙面相关的尺寸允许偏差可适当放松)。

表 3.3　预制构件的允许尺寸偏差及检验方法

项目			允许偏差/mm	检验方法
长度	楼板、梁、柱、桁架	<12 m	±5	尺量
		≥12 m 且<18 m	±10	
		≥18 m	±20	
	墙板		±4	
宽度、高(厚)度	楼板、梁、柱、桁架截面尺寸		±5	钢尺量一端及中部,取其中偏差绝对值较大处
	墙板		±4	
表面平整度	楼板、梁、柱、墙板内表面		5	2 m 靠尺和塞尺量测
	墙板外表面		3	
侧向弯曲	楼板、梁、柱		L/750 且≤20	拉线、钢尺量最大侧向弯曲处
	墙板、桁架		L/1 000 且≤20	
翘曲	楼板		L/750	调平尺在两端量测
	墙板		L/1 000	
对角线	楼板		10	尺量两个对角线
	墙板		5	
预留孔	中心线位置		5	尺量
	孔尺寸		±5	
预留洞	中心线位置		10	尺量
	洞口尺寸、深度		±10	
门窗口	中心线位置		5	尺量
	宽度、高度		±3	
预埋件	预埋件锚板中心线位置		5	尺量
	预埋件锚板与混凝土面平面高差		0,−5	
	预埋螺栓中心线位置		2	
	预埋螺栓外露长度		+10,−5	
	预埋套筒、螺母中心线位置		2	
	预埋套筒、螺母与混凝土面平面高差		±5	
预留插筋	中心线位置		5	尺量
	外露长度		+10,−5	
键槽	中心线位置		5	尺量
	长度、宽度		±5	
	深度		±10	

注:1. L 为构件最长边的长度,mm;

　　2. 检查中心线、螺栓和孔道位置偏差时,应沿纵横两个方向量测,并取其中偏差较大值。

3.4.2　构件吊装施工

1)预制剪力墙吊装施工

预制剪力墙吊装施工流程:基层清理及定位放线→封浆施工准备条及垫片安装→预制墙板吊运→预留钢筋插入就位→墙板调整校正→墙板临时固定。

预制叠合楼板
吊装施工流程
——施工准备

预制剪力墙吊
装施工流程
——构件检查
确认

(1)吊装准备

①构件检查、编号确认、构件灌浆套筒或浆锚孔检查。核实构件编号,确认构件吊装位置,检查构件外观质量,确保配套斜向支撑、预埋件配筋、调整工具就位。检查构件灌浆套筒或浆锚孔是否堵塞,当灌浆套筒、预留孔内有杂物时,应及时用气体或钢筋清理干净。

②施工面准备。清理施工层地面,对基层初凝时用粗糙处理,吊装前用风机清理浮灰或进行凿毛处理。

③预留钢筋复核与调整。吊装预制墙体前,为了提高安装效率,应对预留钢筋位置、预留长度、垂直度进行复核。使用特制钢模具检查竖向预留钢筋是否偏位(图3.89),针对偏位钢筋用校正器(钢管)等工具进行校正,同时严格按照设计图纸要求检查预留钢筋长度,除去钢筋附着泥浆(现浇部分浇筑前可采用专用保护膜覆盖预留钢筋避免污染),确保后续预制墙体精确安装。

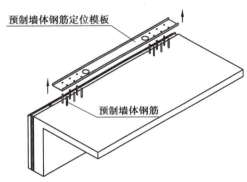

预制墙体钢筋定位模板

预制墙体钢筋

图3.89　钢筋定位模板检查竖向预留钢筋是否偏位

(2)定位放线

将连接部位浮灰清扫干净,在安装平面上弹出构件安装边线、控制线、分仓线(图3.90),可在地面标注构件编号;同时对预制构件完成弹线(构件中线、水平控制线、水平构件搁置定位线等),方便构件就位检查。在楼板上根据图纸及定位轴线放出预制墙体定位边线、距离定位边线200 mm的控制线,针对预制剪力墙,当下部采用灌浆套筒连接时,应结合具体情况对下部进行分仓,弹出分仓线,当采用电动灌浆泵灌浆时,一般单仓长度不超过1 m;采用手动灌浆枪灌浆时单仓长度不宜超0.3 m;同时在预制墙体上放出墙体500 mm水平控制线,便于预制墙体安装过程中精确定位,提高吊装效率和安装控制质量。

图 3.90　构件安装边线、控制线、分仓线

（3）垫块与封边压条放置

①垫块放置。现场通过预置钢垫块或者预埋高度调节螺栓完成对预制构件的标高和水平接缝厚度的控制,安放好钢垫块后,用水准仪对其标高进行统一调节满足设计要求,如图 3.91 所示。

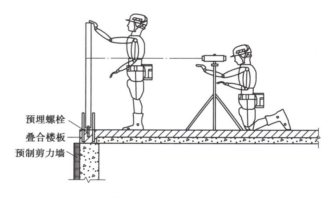

预埋螺栓
叠合楼板
预制剪力墙

图 3.91　标高控制垫块

②压条放置。根据基层构件定位放线与分仓防线,放置压条,作封缝作用时,压条宽度为 15～20 mm,作分仓作用时,压条宽度应不小于 20 mm,如图 3.92 所示。

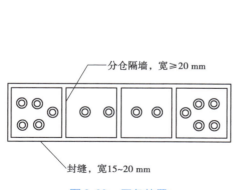

分仓隔墙,宽≥20 mm

封缝,宽15～20 mm

图 3.92　压条放置

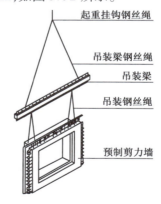

起重挂钩钢丝绳

吊装梁钢丝绳
吊装梁

吊装钢丝绳

预制剪力墙

图 3.93　预制剪力墙吊装示意图

（4）预制剪力墙吊装

根据预制构件形状、尺寸和重量要求选择适宜的吊具,在吊装过程中采用两点起吊,吊索与构件水平夹角不宜小于 60°,且不应小于 45°;尺寸较大或形状复杂的预制剪力墙应选择设置横吊梁等吊具,采用专用横吊梁确保墙体构件整体受力均匀,避免出现内压力和附加弯矩,同时保证构件吊装平稳。吊装过程中保证吊车主钩位置、吊具及构件重心在竖直方向重合。预制剪力墙吊装示意图,如图 3.93 所示。

起吊构件吊装采用慢起、快升、缓放的操作方式,如图 3.94 所示。起重机缓缓持力,将构件吊离存放架,然后快速运至安装施工层。预制墙体对中安装位置下放,距楼板面 1 000 mm 处减缓下落速度,由操作人员引导墙体降落,操作人员观察连接钢筋是否对孔,直至确认下方连接钢筋均准确插入构件的灌浆套筒内。

预制楼梯吊装施工流程——构件就位安装

图 3.94　预制剪力墙吊装

（5）预制剪力墙校核与固定

安装斜向支撑及底部限位装置。

预制墙体吊装就位后,先安装斜向支撑,斜向支撑用于固定调节预制墙体安装垂直度;在预制墙板上部 2/3 高度处,用斜支撑通过连接对预制构件进行固定,斜撑底部与楼面用地脚螺栓锚固连接,它与楼面的水平夹角不应小于 60°,墙体构件用不少于 2 根斜支撑进行固定(临时斜撑宜设置调节装置,支撑点位置距离底板不宜大于板高的 2/3,且不应小于板高的 1/2)。

预制构件下部可安装限位装置七字码(底部限位装置不少于 2 个,间距不宜大于 4 m)或安装 2 根短斜支撑,用于加固墙体与主体结构的连接,确保后续灌浆与暗柱混凝土浇筑时预制墙体不发生位移,在确保两个墙板斜撑安装牢固后方可解除吊钩。

完成初步固定后,进行预制构件校核与调整,预制墙板校核与调整按下列规定进行:预制墙板安装垂直度应以满足外墙板面垂直为主;预制墙板拼缝校核与调整应以竖缝为主,横缝为辅;预制墙板阳角位置相邻的平整度校核与调整,应以阳角垂直度为基准。

预制墙体通过靠尺校核其垂直度,通过靠尺+塞尺校核墙体之间平整体,如有偏位,通过调整两个斜撑上的螺纹套管实现,调整时两边要同时调整;通过水准仪观测墙身 500 mm 水平控制线校核标高。最终确保构件的水平位置、垂直度及标高均达到"表 3.3 预制构件的允许尺寸偏差及检验方法"的规定,最后固定斜向支撑,如图3.95—图3.97所示。

图3.95　预制剪力墙垂直检查

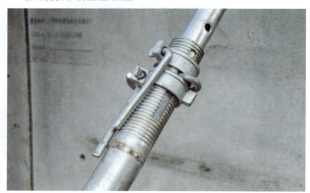

图3.96　斜向支撑固定完成　　　　　　　图3.97　斜向支撑调节后锁定

2)预制柱的安装

(1)预制柱的安装工艺与流程

预制柱的安装工艺与流程:测量放样与构件弹线→标高找平→竖向预留钢筋校正→预制柱吊装→柱安装及校正→灌浆施工。

(2)预制柱的吊装就位

①预制柱安装的前准备工作。吊装前清理基层面,备齐安装所需的设备和器具,如斜撑、固定用铁件、螺栓、柱底高程调整铁片、起吊工具、垂直度测定仪器等。

检查预制柱外观质量,检查预埋套灌浆筒质量,完成埋套灌浆套筒内部、注浆孔的清理。确认预制立柱的吊装方向、构件编号、水电预埋管、吊点与构件重量等内容。

采用特制钢模具对下层预留钢筋位置、数量、规格进行复核,用钢筋校正器(钢管)对有弯折的预留插筋进行校正,以确保预制柱连接的质量。

进行吊装位置测量放样,预制构件弹线。

对安装高程进行复核,安放高程调整铁片,铁片安装时应考虑完成立柱吊装后立柱的稳定性和垂直度可调为原则。

②预制柱的吊装就位。柱的吊装过程包括绑扎→起吊→就位→临时固定。

a. 绑扎,柱的起吊方法应根据柱的重量、长度、起重机的性能和现场情况而定,使用的索具有吊索、卡环、柱销,现场一般采用直吊吊装。

b. 起吊,预制柱吊装采用慢起、快升、缓放的操作方式。起重机缓缓持力,将预制柱吊离存放架,然后快速运至预制柱安装施工层。在预制柱就位前,应再次清理柱安装部位基层,然后将预制柱缓缓吊运至安装部位的正上方。

c. 对位,柱脚插入预留钢筋后,并不立即降至设计标高,而是停在离设计标高 300 mm 处进行对位,柱四侧中心线对准楼面上的定位线,套筒位置与地面预留钢筋位置对准后,将柱缓缓下降,预留钢筋插入灌浆套筒内,使之平稳就位,如图 3.98 所示。

图 3.98　平稳就位

(3)预制柱的临时支撑与校核

柱吊装到位后,先通过定位线检查柱子就位情况,如果不够准确,可采用撬棍进行调整,如图 3.99 所示。

图 3.99　柱子就位调整

将斜撑及时固定在预制柱上方和楼板的预埋件上,每根预制柱的固定至少在两个不同垂直侧面设置斜撑。柱的标高校正和平面位置的校正在柱对位时已完成,因此,在柱临时固定后,仅需对柱进行垂直度的校正。采用两架经纬仪从柱相邻的两边(视线应基本与柱面垂直)去检查柱吊装准线的垂直度,垂直度校核也可采用靠尺、线锤进行(图 3.100),如偏差超过本章"表 3.3 预制构件的允许尺寸偏差及检验方法"的规定值,则应对柱的垂直度进行校正,通过斜撑可调节装置进行垂直度调整,直至垂直度满足规定的要求后进行锁定。

图 3.100　使用线锤对柱子垂直度进行调整

预制柱的临时支撑应在套筒连接器内的灌浆料强度达到设计要求后拆除,当设计无具体要求时,混凝土或灌浆料应达到设计强度的 75% 以上方可拆除,如图 3.101 所示。

图 3.101　预制柱吊装就位

3)预制叠合梁的安装

(1)预制叠合梁的安装工艺与流程

预制叠合梁施工流程:预制梁进场、验收→放线→设置梁底支撑→预制梁起吊→预制梁就位→接头连接。

①预制叠合梁进场、验收。预制叠合梁安装前应复核竖向构件(预制柱、预制剪力墙)钢筋与梁钢筋位置、尺寸,对梁钢筋与柱钢筋安装有冲突的,按设计部门确认的技术方案调整。

②定位放线。用水平仪测定并修正竖向构件(预制柱、预制剪力墙)顶部与梁底标高,确保标高一致,再在竖向构件上弹出梁边控制线,如图 3.102 所示。

③支撑架搭设。梁底支撑采用钢立杆支撑+可调顶托,可调顶托上铺设长×宽为100 mm×100 mm 方木,预制梁的标高通过支撑体系顶部的可调顶托来调节。临时支撑位置应符合设计要求,设计无要求时,预制梁长度小于或等于 4 m 时应设置不少于 2 道垂直支撑,长度大于 4 m 时应设置不少于 3 道垂直支撑。

根据预制梁构件类型、跨度确定支撑件的拆除时间,确保后浇混凝土强度达到设计要求后方可承受全部设计荷载。

图 3.102　预制梁定位线、标高准备

④预制梁起吊就位。梁吊安装顺序应遵循先主梁后次梁、先低后高的原则。预制梁安装时,主梁和次梁伸入支座的长度与搁置长度应符合设计要求。预制梁安装就位后应对水平度、安装位置、标高进行检查。再次检查梁底支撑,保证下部支撑充分受力后方可松开吊钩。

预制次梁的吊装一般应在一组预制主梁吊装完成后进行,主次梁搭接本项目采用,预制次梁与预制主梁之间的凹槽应在预制楼板安装完成后,采用不低于预制梁混凝土强度等级的材料填实。

(2)预制叠合梁的吊装

①绑扎起吊。钢丝绳的绑扎要求牢固可靠,绑扎方便,保证构件在起吊过程中不发生永久变形,不出现裂缝,并便于安装。预制梁一般用两点吊,两个吊点分别位于梁顶两侧距离两端 0.2L 梁长位置,由生产构件厂家预留,起吊预制梁采用专用钢扁担,用卸扣将钢丝绳梁上端的预埋件相连,并确认连接紧固后,梁起吊离地时要预防梁的边角不被撞坏。应注意起吊过程中,梁不得与堆放架发生碰撞。

用起重机缓缓将梁吊起,待梁的底边升至距地面 500 mm 时略作停顿,再次检查吊挂是否牢固,确认无误后,继续提升使之慢慢靠近安装作业面,人工通过预制梁端部的绳索辅助梁就位,如图 3.103 所示。

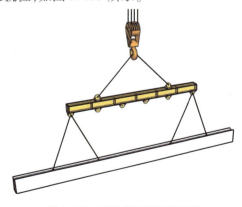

图 3.103　预制梁吊装示意图　　　　　图 3.104　预制梁吊装就位

②就位。在距作业层上方 300 mm 左右略作停顿,施工人员可手扶梁,控制梁下落方向。

梁在此缓慢下降,梁两侧挂线坠对准地面上的控制线,将梁缓缓下降,使之平稳就位,然后将之临时固定,如图 3.104 所示。

(3)预制叠合梁的校正

当预制梁初步就位后,两侧借助柱上的梁定位线将梁精确校正。梁的标高通过支撑体的顶丝调节,调平同时需将下部可调支撑上紧,这时方可松去吊钩。梁的校正包括 3 个方面的内容,即平面位置校正、标高校正及垂直度校正,三项校正工作应同时进行。

①梁的平面校正:根据测量放好的支座轴、边线,在预制梁中心线上拉线,也可距预制梁中心线一整数尺寸距离处拉线,用工具调整预制梁。

②梁的标高校正:钢筋混凝土预制梁就位前,根据梁支座表面标高与梁端尺寸情况用垫板找平。

③梁的垂直度校正:从预制梁上翼缘挂线锤,量腹部上下两点与线锤的距离,超过允许误差时,加以垫块调整。

④梁的最终加固:校正合格后,应按设计要求将预制梁进行固定。

预制叠合楼板吊装施工流程——施工准备

预制叠合楼板吊装施工流程——构件吊装

4)预制叠合楼板的安装

(1)预制叠合楼板的安装工艺及流程

预制叠合楼板的安装工艺及流程:预制叠合楼板进场、验收→放线→搭设板底独立支撑→预制叠合楼板吊装→预制叠合楼板就位→预制叠合楼板校正定位。

预制叠合楼板安装应符合下列要求:

①架设支撑系统。支撑架体宜采用可调工具式支撑系统,首层支撑架体的地基必须坚实,架体必须有足够的强度、刚度和稳定性。板底支撑间距不应大于 2 m,每根支撑之间高差不应大于 2 mm,标高偏差不应大于 3 mm,悬挑板外端比内端支撑宜调高 2 mm。

②吊装就位。预制楼板安装前,应复核预制板构件端部和侧边的控制线以及支撑搭设情况是否满足要求。预制叠合楼板起吊时,吊点不应少于 4 点,预制楼板吊至梁、墙上方 300~500 mm 后,作业人员调整板位置使板锚固筋与梁箍筋错开,根据梁、墙上已放出的板边、板端控制线,准确就位,偏差不得大于 2 mm,累计误差不得大于 5 mm。板就位后调节支撑立杆确保所有立杆全部受力。

③位置与标高校核。根据预制剪力墙已弹出的 500 mm 处水平控制线、墙顶弹出的板安放位置线,控制叠合板安装标高和平面位置。预制楼板安装应通过微调垂直支撑来控制水平标高。

④其他工艺要求。预制楼板安装时,应保证水电预埋管(孔)位置准确。预制叠合楼板吊装顺序依次铺开,不宜间隔吊装。在混凝土浇筑前,应校正预制构件的外露钢筋,外伸预留钢筋伸入支座时,且不得弯折。相邻叠合楼板之间拼缝及预制楼板与预制墙板位置拼缝应符合设计要求并具有防止裂缝的措施。施工集中荷载或受力较大部位应避开拼接位置。

(2)预制叠合板的吊装就位

①叠合板起吊时,要尽可能地减小在非预应力方向因自重产生的弯矩,采用预制构件横

吊梁进行吊装,4 个吊点均匀受力,保证构件平稳吊装,吊装示意图如图 3.105、图 3.106 所示。

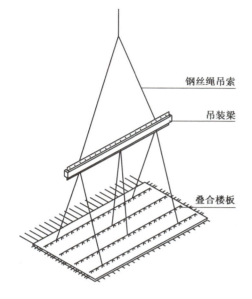

钢丝绳吊索

吊装梁

叠合楼板

图 3.105　预制叠合板吊装示意图

图 3.106　预制叠合板吊装

②起吊时要先试吊,先吊起距地 500 mm 停止,检查钢丝绳、吊钩的受力情况,使叠合板保持水平,然后吊至作业层上空。

③就位时叠合板要从上垂直向下安装,在作业层上空 300 mm 处略作停顿,施工人员手扶楼板调整方向,将板的边线与墙上的安放位置线对准,注意避免叠合板上的预留钢筋与墙体钢筋碰触,放下时要停稳慢放,严禁快速猛放,以避免冲击力过大造成板面震折裂缝。

④调整板位置时,要垫以小木块,不要直接使用撬棍,以避免损坏板边角,保证板在梁或墙上的搁置长度,其允许偏差不大于 5 mm。

⑤楼板安装完后进行标高校核,调节板下的可调支撑。

(3) 预制叠合板的校正

根据预制墙体上水平控制线及竖向板缝定位线,校核叠合板水平位置及竖向标高情况,通过调节竖向独立支撑,确保叠合板满足设计标高要求;通过撬棍(撬棍配合垫木使用,避免损坏板边角)调节叠合板水平位移,确保叠合板满足设计图纸水平分布要求。

5) 其他构件的安装

(1) 预制楼梯安装

①施工流程。预制楼梯进场、验收→放线→垫片及坐浆料施工→预制楼梯吊装→预制楼梯校正→预制楼梯固定。

预制剪力墙吊装施工流程——构件吊装前准备

预制剪力墙吊装施工流程——构件检查确认

a.检查吊索具、吊装设备,确保其保持正常工作性能,吊具螺栓出现裂纹、部分配件损坏时,应立即进行更换,确保吊装安全。

b.放控制线:在楼梯洞口外的板面放样楼梯上、下梯段板控制线,在楼梯平台上画出安装位置(左右、前后控制线),在竖向构件上画出标高控制线。楼梯侧面距结构墙体预留 10 ~ 20 mm 空隙,为墙面砂浆抹灰层预留空间。

c.在梯段上下口梯梁处铺水泥砂浆找平层,找平层标高要控制准确。

d.起吊:预制楼梯梯段采用水平吊装,吊装时,应使踏步平面呈水平状态,便于就位,因此,吊装可采用横吊梁进行(图 3.107、图 3.108),也可在一边绳索上安装倒链用以调整绳索长度,确保踏步水平。构件吊装前进行试吊,先吊至距地 500 mm 停止,检查钢丝绳、吊钩的受力情况,检查吊具与预制楼梯的 4 个预埋件连接是否扣牢。使楼梯保持水平,然后吊至作业层上空。

e.楼梯就位:就位时楼梯板要从上垂直向下安装,在作业层上空 300 mm 左右处略作停顿,施工人员手扶楼梯板调整方向,将楼梯板的边线与梯梁上的安放位置线对准,放下时要停稳慢放,严禁快速猛放,以避免冲击力过大造成板面震折裂缝。

预制楼梯吊装施工流程——构件就位安装

f.校正:基本就位后再用撬棍微调楼梯板,直至位置正确,搁置平实。就位后再次符合标高。

g.楼梯段与平台板连接部位施工。楼梯段校正完毕后,在梯段上口预埋件处采用灌浆料进行灌浆处理。

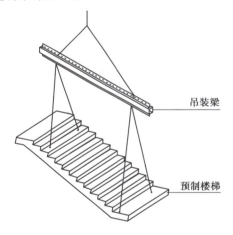

吊装梁

预制楼梯

图 3.107　预制楼梯吊装示意图

图 3.108　预制楼梯吊装

②注意事项:

a.构件安装前组织详细的技术交底,使施工管理和操作人员充分明确安装质量要求和技术操作要点,构件起吊前检查吊索具,同时进行试吊。

b.安装前应对构件安装的位置准确放样,安装标高、搁置点位置等,确保构件安装质量。安装前检查并核对构件的质量与型号和方向,安装时严格控制安装构件的位置和标高,安装误差尺寸应控制在规范允许的范围内。

c.预制楼梯起吊、运输、码放和翻身注意平衡,轻起轻放,防止碰撞,保护好楼梯阴阳角。安装完后用废旧模板制作护角,避免装修阶段对楼梯阳角的损坏。

（2）预制阳台板安装

①施工流程。预制阳台板分为叠合类和非叠合类,施工流程为:定位放线→核对检查构件→预制阳台板吊装起吊→就位→校正轴线位置及标高→临时固定措施→支撑固定→松钩。

a.放线,预制阳台板安装前,测量人员根据阳台板宽度,放出竖向独立支撑定位线,并安装独立支撑,同时在预制叠合板上,放出阳台板控制线。

b.起吊,同一构件上吊点高低不同,低处吊点采用倒链进行拉接,起吊后调平。

c.就位校核,当预制阳台板吊装至作业面上空 500 mm 时,减缓降落,由专业操作工人稳住预制阳台板,根据叠合板上的控制线,引导预制阳台板降落至独立支撑上,根据预制墙体上水平控制线及预制叠合板上的控制线,校核预制阳台板水平位置及竖向标高情况,通过调节竖向独立支撑,确保预制阳台板满足设计标高要求;通过撬棍调节预制阳台板水平位移,确保预制阳台板满足设计图纸水平分布要求。

d.固定,预制阳台板定位完成后,将阳台板钢筋与叠合板钢筋可靠连接固定,预制构件固定完成后,方可摘除吊钩。

②注意事项:

a.悬挑阳台板吊装前应设置防倾覆支撑架,并在结构楼层混凝土达到设计强度要求时,方可拆除支撑架。

b.悬挑阳台板施工荷载不得超过楼板的允许荷载值。

c.预制阳台板预留锚固钢筋应伸入现浇结构内,并应与现浇混凝土结构连成整体。

6）构件安装质量检查要求

装配整体式混凝土结构工程应按国家标准《建筑工程施工质量验收统一标准》(GB 50300—2013)、《装配式混凝土建筑技术标准》(GB/T 51231—2016)、《混凝土结构工程施工质量验收规范》(GB 50204—2015)、《装配式混凝土结构技术规程》(JGJ 1—2014)的规定,进行施工质量检查与验收,施工工序是建筑工程施工的基本组成部分,对每道施工工序的质量一般由施工单位自行管理控制。预制剪力外墙板安装质量检查应符合下列规定:

装配式结构安装尺寸允许偏差应符合设计要求,并应符合表3.4 中的规定。

表 3.4 预制结构构件安装尺寸的允许偏差及检验方法

项目		允许偏差/mm	检验方法
构件中心线对轴线位置	基础	15	尺量检查
	竖向构件(柱、墙板、桁架)	10	
	水平构件(梁、板)	5	
构件标高	梁、板底面或顶面	±5	水准仪或尺量检查
构件垂直度	柱、墙板 <5 m	5	经纬仪量测
	≥5 m 且< 10 m	10	
	≥10 m	20	

续表

项目			允许偏差/mm	检验方法
构件倾斜度	梁、桁架		5	垂线、钢尺量测
相邻构件平整度	板端面		5	钢尺、塞尺量测
	梁、板下表面	抹灰	5	
		不抹灰	3	
	柱、墙板侧表面	外露	5	
		不外露	10	
构件搁置长度	梁、板		±10	尺量检查
支座、支垫中心位置	板、梁、柱、墙、桁架		±10	尺量检查
接缝宽度	板	<12 m	±10	尺量检查

检查数量:按楼层、结构缝或施工段划分检验批。在同一检验批内,对梁、柱,应抽查构件数量的10%,且不少于3件;对墙和板,应按有代表性的自然间抽查10%,且不少于3间;对大空间结构,墙可按相邻轴线间的高度5 m左右划分检查面,板可按纵、横轴线划分检查面,抽查10%,且均不少于3面。

7)常见预制构件质量问题及处理方法

建筑工程质量问题一般分为工程质量缺陷、工程质量通病、工程质量事故。针对现场预制构件安装应重点关注质量缺陷和质量通病。

工程质量缺陷可分为严重缺陷和一般缺陷。严重缺陷是指对结构构件的受力性能或安装使用性能有决定性影响的缺陷。一般缺陷是指对结构构件的受力性能或安装使用性能无决定性影响的缺陷。工程质量通病是指各类影响工程结构、使用功能和外形观感的常见性质量损伤,例如,预制构件表面不平整、后浇区域局部漏浆、预埋管线不顺直等。

常见预制构件安装质量问题及处理:

(1)预制构件钢筋偏位问题

因预埋钢筋的偏移导致构件未能准确就位,需要重新调整钢筋,较为严重时可能需要植筋,严重影响工期且不经济。

常见原因:楼面混凝土浇筑前竖向钢筋未限位和固定;楼面混凝土浇筑、振捣使得竖向钢筋偏移。

处理措施:在施工预埋钢筋时,应按图纸施工控制钢筋的间距,根据构件编号用钢筋定位框进行限位,保证钢筋位置准确;楼面混凝土浇筑、振捣注意施工操作,避免预留钢筋偏移;混凝土浇筑完毕后,根据插筋平面布置图及现场构件边线或控制线,对预留插筋进行中心位置复核,对中心位置偏差超过10 mm的预留钢筋应根据图纸进行适当校正。

(2)预制墙板吊装偏位问题

预制墙体偏位比较严重的问题,严重影响工程质量。

常见原因:墙体安装时未严格按照控制线进行控制,导致墙体落位后偏位;构件本身存在一定的质量问题,厚度不一致。

处理措施:校正墙体位置;施工单位加强现场施工管理、避免发生类似问题;监理单位加强现场检察监督工作。

(3)安装精度差、进度慢

构件安装精度差,进度缓慢,就位安装、垂直度调整、标高调整难度大,校核固定后再次出现较大偏差。

常见原因:吊装缺乏统筹考虑,造成构件连接可靠性不足,操作起吊时机不当、安装顺序不对,造成个别构件安装后出现质量问题;墙、柱找平垫块放置随意,造成墙板或柱安装不垂直;出现支撑预埋件预埋位置不当或支撑件承载力不够导致构件的垂直度出现偏差;最终导致构件安装精度差。

处理措施:加强管理,准备工作到位,统筹考虑吊装顺序,按照标准安装固定施工临时设置与辅助工具。

(4)吊装期间出现构件开裂、破坏问题

在吊装中预制构件时,产生明显裂缝,预制构件产生破坏。

常见原因:预制构件本身设计不合理;构件养护时间不够,尚未达到规定强度;吊点设计不合理;未使用要求的吊具。

处理措施:要求施工单位重新更换合格的预制件;要求施工单位加强现场管理,监理单位加强现场检察监督工作;构件设计时对吊点位置进行分析计算,确保吊装安全,吊点合理;对漏埋吊点或吊点设计不合理的构件返回工厂进行处理;采用钢丝绳多点吊装或采用横吊梁进行多点吊装,保证每个吊点的平衡受力,防止构件因变形而被破坏。

(5)预制构件管线遗漏

现场发现部分预制构件预埋管缺少、偏位等现象,造成现场安装时需在预制构件凿槽等问题,容易破坏预制构件。

常见原因:构件加工过程中预埋管件遗漏;管线安装未按图施工。

处理措施:加强管理,预埋管线必须按图施工,不得遗漏,在浇筑混凝土前加强检查。

3.4.3　构件连接施工

装配整体式结构中的连接主要指预制构件之间的接缝及预制构件与现浇及后浇混凝土之间的结合面,包括梁端接缝、柱顶底接缝、剪力墙的竖向接缝和水平接缝等。装配整体式结构中,连接是影响结构受力性能的关键部位。这里重点介绍预制外墙板的连接。

预制剪力墙板因考虑参与抵抗结构使用阶段的地震作用,故构件与构件之间的连接要求有足够的保障,按照目前等同现浇的思路,采用装配式整体结构体系,在设计、制作和施工等环节,要求连接施工具备足够的可靠性。现场实现预制剪力墙板连接做法有灌浆套筒连接(处理竖向连接)、在剪力墙边缘构件处设置后浇区域(处理水平连接)、采用特定形式的墙体(预制叠合剪力墙、下部预留后浇区剪力墙、预制圆孔剪力墙等)的连接。

1）预制构件竖向钢筋连接施工

这里重点介绍预制外墙板竖向连接,目前采用的较多仍是套筒灌浆连接方式,作为一种实践时间较长的连接方式,虽然积累了大量的经验,但碍于结构抗震理论、建筑构造、工艺工法、施工组织管理、人员操作技术等多种因素,使得此种连接在整个装配式建造中成为关键施工点,关系到装配式建筑后期承载力、抗震性能、结构延性及正常使用等多项能力,应予以特别关注。

（1）套筒灌浆施工

竖向构件灌浆施工工艺及要求:

a.灌浆施工工艺流程:构件灌浆主要工序为施工前准备→灌浆机具选择→封缝料制作与封缝操作→灌浆料制作→灌浆料流动度检测→构件灌浆。

b.竖向构件灌浆施工要点:灌浆施工须按施工方案执行灌浆作业,全过程应有专职检验人员负责现场监督并及时形成施工检查记录。

c.灌浆施工方法。竖向钢筋套筒灌浆连接,灌浆应采用压浆法从灌浆套筒下方灌浆孔注入,当灌浆料从构件上本套筒和其他套筒的灌浆孔、出浆孔流出后应及时封堵。

竖向构件宜采用联通腔灌浆,并合理划分联通灌浆区域,每个区域除预留灌浆孔、出浆孔与排气孔(有些需要设置排气孔)外,应形成密闭空腔,且保证灌浆压力下不漏浆;联通灌浆区域内任意两个灌浆套筒间距不宜超过1.5 m。采用连通腔灌浆方式时,灌浆施工前应对各连通灌浆区域进行封堵,且封堵材料不应减小结合面的设计面积。竖向钢筋套筒灌浆连接用连通腔工艺灌浆时,采用一点灌浆的方式,即用灌浆泵从接头下方的一个灌浆孔处向套筒内压力灌浆,在该构件灌注完成前不得更换灌浆孔,且需连续灌注,不得断料,严禁从出浆孔进行灌浆。当一点灌浆遇到问题需要改变灌浆点时,各套筒已封堵灌浆孔、出浆孔应重新打开,待灌浆料拌合物再次流出后进行封堵。竖向预制构件不采用联通腔灌浆方式时,构件就位前应设置坐浆层或套筒下端密封装置。

d.灌浆施工环境温度要求。灌浆施工时,环境温度应符合灌浆料产品使用说明书要求;环境温度低于5 ℃时不宜施工,低于0 ℃时不得施工;当环境温度高于30 ℃时,应采取降低灌浆料拌合物温度的措施。

e.灌浆施工异常的处置。接头灌浆时,当出现无法出浆的情况时,应查明原因,采取补救施工措施:对未密实饱满的竖向连接灌浆套筒,当在灌浆料中加水拌和30 min 内时,应首选在灌浆孔补灌;当灌浆料拌合物已无法流动时,可从出浆孔补灌,并应采用手动设备结合细管压力灌浆,但此时应制订专门的补灌方案并严格执行。

（2）施工前准备

工作开始前首先进行施工前准备:

①正确佩戴安全帽,正确穿戴劳保工装、防护手套等。

②正确检查施工设备,如灌浆泵、搅拌器等。

③对施工场地进行卫生检查及清扫。

④材料准备,包括灌浆料准备与证明材料检查、封缝料准备与证明材料检查。

（3）灌浆机具选择

根据灌浆过程所需工具,从工具库领取相应工具,如测温仪、电子秤和刻度杯、不锈钢制浆桶、水桶、手提变速搅拌机、灌浆枪或灌浆泵、流动度检测、截锥试模、玻璃板（500 mm×500 mm）、钢板尺（或卷尺）、强度检测三联模等,如图 3.109 所示。

套筒灌浆连接——封缝料制备与封缝

图 3.109　灌浆机具准备

（4）封缝料制作与封缝操作

①构件吊装:构件吊装前,先进行垫块标高找平,再进行构件吊装。

②封浆料制作:根据工作任务及封浆料说明配比计算所需的封缝料用量,并领取对应用量的原料进行封缝料搅拌制作。制作过程需要注意原料的成本控制、配比及操作步骤。

③封边操作:首先放置封边内衬,然后操作封边设备（封缝枪）将构件四周进行封缝密封操作。

④要求:填抹深度控制在 15～20 mm,确保不堵套筒孔,一段抹完后抽出内衬进行下一段填抹;段与段结合的部位、同一构件或同一仓要保证填抹密实;填抹完成后确认干硬强度达到要求（常温 24 h,约 30 MPa）后再灌浆;最后填写施工检查记录表。

⑤封边清理:封边操作完毕,配合质检人员检查封边质量,操作清理工具清理施工面封缝砂浆。

（5）灌浆料制作

装配式钢筋连接用的套筒灌浆料是以水泥为基本材料,配以细骨料,以及混凝土外加剂和其他材料组成的干混料,加水搅拌后具有良好的流动性、早强、高强、微膨胀等性能,填充于套筒和带肋钢筋间隙内,简称"套筒灌浆料"（图 3.110）。

①进行室温检测。

②严格按照产品使用说明书要求的水料比［拌合物比例为 1:（0.12～0.13）,即干料:水］用电子秤分别称量灌浆料和水,也可用刻度量杯计量水。

③先将 80% 左右的水倒入搅拌桶中,然后加入全部的料,用专用搅拌桶搅拌 1～2 min,再将剩余水倒入搅拌桶中搅拌 5～7 min 至彻底均匀,搅拌均匀后,静置 2～3 min,使浆内气泡自然排出后再使用。详细操作方法详见"知识准备"部分。

套筒灌浆连接
——灌浆料制
备与检验

图 3.110　灌浆料制作

（6）灌浆料流动度检测

①灌浆料性能指标。《钢筋连接用套筒灌浆料》（JG/T 408—2019）中规定了灌浆料在标准温度和湿度条件下的各项性能指标的要求（表 3.5）。其中抗压强度值越高，对灌浆接头连接性能越有帮助；流动度越高对施工作业越方便，接头灌浆饱满度越易保证。

表 3.5　钢筋连接用套筒灌浆料主要性能指标

检测项目		性能指标
流动度/mm	初始	≥300
	30 min	≥260
抗压强度/MPa	1 d	≥35
	3 d	≥60
	28 d	≥85
竖向膨胀率/%	3 h	≥0.02
	24 h 与 3 h 差值	0.02 ~ 0.5
氯离子含量/%		≤0.03
泌水率/%		0

②灌浆料主要指标测试方法。

流动度试验应按下列步骤进行：

a. 称取 1 800 g 水泥基灌浆材料，精确至 5 g；按照产品设计（说明书）要求的用水量称量好拌和用水，精确至 1 g。

b. 湿润搅拌锅和搅拌叶，但不得有明水。将水泥基灌浆材料倒入搅拌锅中，开启搅拌机，同时加入拌和水，应在 10 s 内加完。

c. 按水泥胶砂搅拌机的设定程序搅拌 240 s。

d. 湿润玻璃板和截锥圆模内壁，但不得有明水；将截锥圆模放置在玻璃板中间位置。

e. 将水泥基灌浆材料浆体倒入截锥圆模内，直至浆体与截锥圆模上口平；徐徐提起截锥圆模，让浆体在无扰动条件下自由流动直至停止。

f. 测量浆体最大扩散直径及与其垂直方向的直径(图 3.111),计算平均值,精确至 1 mm,作为流动度初始值;应在 6 min 内完成上述搅拌和测量过程。

g. 将玻璃板上的浆体装入搅拌锅内,并采取防止浆体水分蒸发的措施。自加水拌和起 30 min 时,将搅拌锅内的浆体按 c—f 步骤试验,测定结果作为流动度 30 min 保留值。

图 3.111　灌浆料流动度测定

抗压强度试验步骤:抗压强度试验试件应采用尺寸为 40 mm×40 mm×160 mm 的棱柱体。

a. 称取 1 800 g 水泥基灌浆材料,精确至 5 g;按照产品设计(说明书)要求的用水量称量拌和用水,精确至 1 g。

b. 按照流动度试验的有关规定拌和水泥基灌浆材料。

c. 将浆体灌入试模,至浆体与试模的上边缘平齐,成型过程中不应震动试模(图 3.112)。应在 6 min 内完成搅拌和成型过程。

d. 将装有浆体的试模在成型室内静置 2 h 后移入养护箱。

e. 灌浆料抗压强度的试验按水泥胶砂强度试验有关规定执行。

图 3.112　取样

①选择截锥圆模等合适的仪器。

②操作仪器设备,根据灌浆料配比制作适当灌浆料样品进行灌浆料流动度检测,操作方法如下:

a. 灌浆前应先测定灌浆料的流动度。

b. 主要设备及工具:圆截锥试模、钢化玻璃板。

c. 检测方法:将制备好的灌浆料倒入钢化玻璃板上的圆截锥试模,进行振动排出气体,提起圆截锥试模,待砂浆流动扩散停止,测量两个方向的扩展度,取平均值。

d. 要求初始流动度大于等于 300 mm,30 min 流动度大于等于 260 mm。

③依据检测结果判断灌浆料制作是否符合标准,并填写灌浆料流动度检测记录。

(7)构件灌浆

①灌浆孔检查,在正式灌浆前,逐个检查各接头的灌浆孔和出浆孔内有无影响浆料流动的杂物,确保孔路畅通。套筒内不畅通会导致灌浆料不能填满套筒,造成钢筋连接不符合要求。

检查方法:使用细钢丝从上部灌浆孔伸入套筒,若从底部可伸出,且从下部灌浆孔可看见细钢丝,即畅通。如果钢丝无法从底部伸出,说明里面有异物,需要清除异物直到畅通为止。

②构件灌浆操作,把灌浆枪枪嘴对准套筒下部的胶管,操作灌浆枪注入灌浆料,直至溢浆孔连续出浆且无气泡时,通过木塞进行封堵。待全部出浆口封堵完毕后,本任务构件灌浆完毕。

灌浆注意事项:

a. 灌浆料要在自加水搅拌开始 20~30 min 内灌完,以尽量保留一定的操作应急时间。

b. 同一仓只能在一个灌浆孔灌浆,不能同时选择两个以上灌浆孔灌浆。

c. 同一仓应连续灌浆,不得中途停顿。如果中途停顿,再次灌浆时,应保证已灌入的浆料有足够的流动性后,还需要将已经封堵的出浆孔打开,待灌浆料再次流出后逐个封堵出浆孔。

出浆孔出浆料后,及时用专用橡胶塞封堵,待所有的灌浆套筒的出浆孔均排出浆体并封堵后,调低灌浆设备的压力,开始保压,小墙板保压 30 s,大墙板保压 1 min(保压期间随机拔掉少数出浆孔橡胶塞,观察到灌浆料从出浆孔喷涌出时,应迅速封堵),经保压后拔除灌浆管。拔掉灌浆管到封堵橡胶塞时间,间隔不得超过 1 s,避免灌浆仓内经过保压的浆体溢出灌浆仓,造成灌浆不实,如图 3.113 所示。

图 3.113　灌浆

③灌浆接头充盈度检验。灌浆料凝固后,取下灌排浆孔封堵胶塞,检查孔内凝固的灌浆料上表面应高于排浆孔下缘 5 mm 以上,如图 3.114 所示。

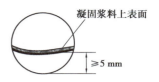

图 3.114　接头充盈度检验

④填写灌浆施工记录。灌浆完成后,填写灌浆作业记录表。

⑤灌浆后节点保护。灌浆后灌浆料同试块强度达到 35 MPa 后方可进入下一道工序施工(扰动)。通常:环境温度在 15 ℃ 以上,24 h 内构件不得受扰动;5 ~ 15 ℃,48 h 内构件不得受扰动;5 ℃ 以下,须对构件接头部位加热保持在 5 ℃ 以上至少 48 h,期间构件不得受扰动,拆支撑时要根据后续施工荷载情况确定。

⑥灌浆料使用注意事项。灌浆料是通过加水拌和均匀后使用的材料,不同厂家的产品配方设计不同,虽然都可以满足《钢筋连接用套筒灌浆料》(JG/T 408—2019)所规定的性能指标,但还是具有不同的工作性能,对环境条件的适应能力不同,灌浆施工的工艺也会有所差异。

为了确保灌浆料使用时达到其产品设计指标,具备灌浆连接施工所需的工作性能,并能顺利地灌注到预制构件的灌浆套筒内,实现钢筋的可靠连接,操作人员需要严格掌握并准确执行产品使用说明书规定的操作要求。实际施工中需要注意的要点包括:

a.灌浆料使用时应检查产品包装上印制的有效期和产品外观,无过期情况和异常现象后方可开袋使用。

b.加水。浆料拌和时应严格控制加水量,必须执行产品生产厂家规定的加水率。

加水过多时,会造成灌浆料泌水、离析、沉淀,多余的水分挥发后形成孔洞,严重降低灌浆料抗压强度。加水过少时,灌浆料胶凝材料部分不能充分发生水化反应,无法达到预期的工作性能。

灌浆料宜在加水后 30 min 内用完,以防后续灌浆遇到意外情况时灌浆料可流动的操作时间不足。

c.搅拌。灌浆料与水的拌和应充分、均匀,通常是在搅拌容器内先后依次加入水及灌浆料并使用产品要求的搅拌设备,在规定的时间范围内,将浆料拌和均匀,使其具备应有的工作性能。

灌浆料搅拌时,应保证搅拌容器的底部边缘死角处的灌浆料干粉与水充分拌和搅拌均匀后,需静置 2 ~ 3 min 排气,尽量排出搅拌时卷入浆料的气体,保证最终灌浆料的强度性能。

d.流动度检测。灌浆料流动度是保证灌浆连接施工的关键性能指标,灌浆施工环境的温、湿度差异,影响灌浆的可操作性。在任何情况下,流动度低于要求值的灌浆料都不能用于灌浆连接施工,以防止构件灌浆失败造成事故。

因此,在灌浆施工前,应先进行流动度的检测,在流动度值满足要求后方可施工,施工中注意灌浆时间应短于灌浆料具有规定流动度值的时间(可操作时间)。

每工作班应检查灌浆料拌合物初始流动度不少于 1 次,确认合格后,方可用于灌浆;留置灌浆料强度检验试件的数量应符合验收及施工控制要求。

e.灌浆料的强度与养护温度。灌浆料是水泥基制品,其抗压强度增长速度受养护环境的温度影响。

冬期施工灌浆料强度增长慢,后续工序应在灌浆料满足规定强度值后方可进行;而夏季施工灌浆料凝固速度加快,灌浆施工时间必须严格控制。

f.散落的灌浆料拌和物成分已经改变,不得二次使用;剩余的灌浆料拌合物由于已经发生水化反应,如再次加灌浆料、水后混合使用,可能出现早凝或泌水,故不能使用。

2)预制构件后浇连接施工

(1)预制构件后浇连接做法

①预制剪力墙板后浇连接做法。预制剪力墙板之间水平方向上的连接,一般考虑为后浇暗柱连接,其整体性及抗震性能主要依靠后浇暗柱的约束作用来保证,后浇暗柱的尺寸按照受力以及装配施工的便捷性要求确定,其内部配筋量参照配筋砌块结构的构造柱及现浇剪力墙结构的构造边缘构件确定。

预制墙体吊装就位、校核固定后,即可进行后浇暗柱的钢筋、模板、混凝土工序。此部分钢筋包含预制墙体预留水平钢筋、下层预留竖向钢筋、新增钢筋(竖向钢筋、水平箍筋),此区域钢筋连接宜根据接头受力、施工工艺、施工部位等要求选用灌浆钢筋套筒接头、浆锚搭接接头、机械连接、焊接连接、绑扎搭接等连接方式,并应符合国家现行有关标准的规定,接头位置应设置在受力较小处。构件吊装时,对此处的钢筋应予以关注,预留钢筋准确的位置有助于后期竖向钢筋的接长、水平箍筋的绑扎;后浇区模板工程和混凝土工程与常规现浇结构类似,但施工期间需要注意对已就位的预制剪力墙的影响。预制剪力墙后浇区域,如图3.115所示。

图3.115　预制剪力墙后浇区域

②预制剪力墙板其他连接施工:

a.预制叠合剪力墙连接施工。预制叠合剪力墙是指一侧或两侧均为预制混凝土墙板,在另一侧或中间部位现浇混凝土从而形成共同受力的剪力墙结构,如图3.116所示。预制叠合剪力墙的施工工艺与吊装就位阶段和预制实心剪力墙一致,只是下部预留钢筋直接插入预制叠合剪力墙的空腔内,在完成预制构件校核后、后浇区钢筋绑扎工序、模板工序之后对预制叠合剪力墙空腔进行混凝土浇筑。

b.底部预留后浇区的预制剪力墙施工。底部预留后浇区的预制剪力墙是一种在底部预留一段后浇筑区域,墙体吊装就位后,在预制墙体内预留孔洞,由顶端浇注混凝土,实现下部构件与预留钢筋的连接,如图 3.117 所示。

图 3.116　预制叠合剪力墙

图 3.117　底部预留后浇区的预制剪力墙

（2）预制构件后浇钢筋混凝土施工

装配式整体式结构现场钢筋、模板、混凝土施工主要集中在预制梁柱节点、墙墙连接节点、墙板现浇节点部位以及楼板、阳台叠合层部位,如图 3.118 所示。

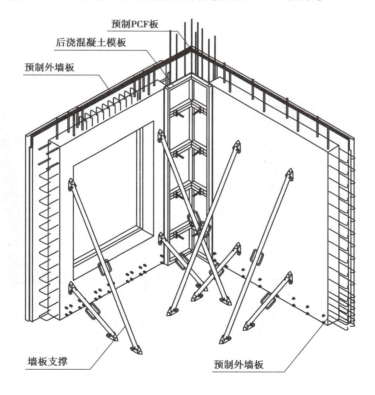

图 3.118　预制剪力墙后浇区施工

①钢筋工程。根据《装配式混凝土结构技术规程》(JGJ 1—2014)、《装配式混凝土建筑技术标准》(GB/T 51231—2016)要求,后浇区域钢筋连接宜根据接头受力、施工工艺、施工

部位等要求选用灌浆钢筋套筒接头、浆锚搭接接头、机械连接、焊接连接、绑扎搭接等连接方式，并应符合国家现行有关标准的规定，接头位置应设置在受力较小处。

A. 预制剪力墙暗柱钢筋施工。装配式剪力墙结构暗柱节点主要有"一"形、"L"形、"T"形、"十"形，由于两侧的预制墙板均有外伸钢筋，因此暗柱钢筋的安装难度较大。需要在深化设计阶段及构件生产阶段进行暗柱节点钢筋穿插顺序分析研究，发现无法实施的节点，应与设计单位进行沟通，避免现场施工时出现箍筋安装困难或临时切割钢筋的现象发生。

钢筋的安装按照"套暗柱箍筋→连接竖向受力筋→绑箍筋"的顺序进行，在预制板上标定暗柱箍筋的位置，预先把箍筋交叉放置就位；先对预留竖向连接钢筋位置进行校正，再连接上部竖向钢筋，绑扎箍筋与竖向钢筋。

B. 水平构件叠浇层钢筋施工。

a. 叠合楼板。叠合层钢筋绑扎前应清理干净叠合楼板上的杂物，根据钢筋间距进行弹线并逐一绑扎，上部受力钢筋带弯钩时，弯钩向下摆放，应保证钢筋搭接和间距符合设计要求；安装预制墙板用的斜支撑预埋件应及时埋设，预埋件定位应准确，并采取可靠的防污染措施；钢筋绑扎过程中，避免局部钢筋堆载过大；为保证上皮钢筋的保护层厚度，可利用叠合板的桁架钢筋作为上皮钢筋的马凳。

b. 叠合梁。预制梁箍筋分整体封闭箍和组合封闭箍。整体封闭箍适用于抗震等级为一、二级的框架梁端部加密区、承受扭矩等情况，封闭部分将不利于纵筋的穿插，现场工人被迫从预制梁端部插入纵筋，增加施工难度，可将上部纵向钢筋提前放置在叠合梁上部便于后期施工操作，如图 3.119 所示。

图 3.119　整体封闭箍式叠合梁

c. 节点。水平预制构件(尤其是叠合梁)与竖向预制构件(预制柱、预制剪力墙)的连接形成建筑结构中较为关键的部位——节点，建筑节点连接构造、施工质量的优劣将直接关系到结构后期的结构性能。国内外常用的连接方式包括以预留钢筋-后浇混凝土节点为代表的湿连接,以预应力连接、牛腿连接、对拉螺栓杆连接为代表的一类干连接,具体又有世构连接、润泰连接、鹿岛连接等多种连接模式。

目前,国内装配式混凝土结构体系正处于发展的重要阶段,应用最多的构件连接方式仍为预留钢筋-后浇混凝土节点模式。按照等同现浇原理,在满足"强节点、弱构件"的设计要求下,预制构件预留钢筋与节点处现场绑扎钢筋形成钢骨架,进一步保证梁柱节点核心区域具有足够的强度、刚度及延性。

②模板安装。在装配式建筑中,现浇节点的形式与尺寸重复较多,可采用铝模或者钢模。

后浇区采用铝模板(图3.120)时应注意:安装和拼接墙柱铝合金模板前,整理好全部板面,涂上脱模剂,涂刷时,应遵循薄且均匀的原则,不得漏刷。按照试拼装的图纸编号次序进行墙柱铝合金模板的拼装工作,安放拉螺杆时套好胶杯与胶管,使其与墙的两边模板面紧密连接。模板安装完后质检人员应作验收处理,验收合格签字确认后方可进行下一道工序。

③混凝土浇筑。为使后浇混凝土与预制构件之间具有良好的黏结性能,在混凝土浇筑前应对预制构件作粗糙面处理并对浇筑部位作清理润湿处理,同时,对浇筑部位的密封性进行检查验收,对缝隙处作密封处理,避免混凝土浇筑后的水泥浆溢出对预制构件造成污染。

预制剪力墙之间的连接处一般水平长度短、竖向高度高、钢筋密集,混凝土浇筑振捣难度大,混凝土浇筑时要边浇筑边振捣,此处的混凝土浇筑需引起重视,否则很容易出现蜂窝麻面。

图 3.120　预制剪力墙后浇区采用铝模板

水平构件叠合层混凝土浇筑,叠合层厚度较薄,应使用平板振捣器振动,要尽量使混凝土中的气泡逸出,以保证振捣密实,叠合板混凝土浇筑应考虑叠合板受力均匀,可按照先内后外的浇筑顺序。

3)预制外挂板连接施工

(1)预制外挂板吊装

预制外墙还包括一类预制外挂墙板,这类墙板无须参与结构整体受力计算,在主体结构完工后或者主体结构施工的同时,通过点式或线式方式与主体结构相连。

①预制外挂板连接施工流程。结构标高复核→预埋连接件复检→预制外挂板起吊及安装→安装临时承重铁件及斜撑→调整预制外挂板位置、标高、垂直度→安装永久连接件→吊钩解钩。

②预制外挂板安装要求。构件起吊时,先将预制外挂板吊起距离地面300 mm 的位置后停稳30 s,相关人员要确认构件是否垂直无倾斜,连接吊装绳索、吊具连接是否牢靠,钢丝绳有无交错等。确认无误后,可以起吊,所有人员应退开构件3 m 外。构件吊至预定位置附近后,缓缓下放,在距离作业层上方500 mm 处停止,吊装人员用于扶预制外挂板,配合起吊设

备将构件水平移至构件吊装位置,就位后缓慢下放,吊装人员通过地面上的控制线,将构件尽量控制在边线上。若偏差较大,需重新吊起距地面 50 mm 处,重新调整后再次下放,直到基本达到吊装位置为止。构件就位后,需要进行测量确认,测量指标主要有高度、位置、倾斜3种。预制墙体的调整按"高度—位置—倾斜"的顺序进行调整。

外墙接缝防水施工

（2）预制外墙板接缝防水施工

装配式建筑屋面部分、地下结构部分多采用的是现浇混凝土结构,在防水施工中的具体操作方法可参照现浇混凝土建筑的防水方法,故其防水重点是预制构件之间的防水处理,主要包括外挂预制板、剪力墙结构建筑外立面防水,重点落在处理预制构件的接缝处。预制外墙板接缝防水采用"导水优于堵水,排水优于防水"的设计理念,通过合理的构造与工艺,在封堵的同时设置排水路径,将可能突破外侧防水层的水流引入排水通道再排出室外。

①预制外挂板防水构造。采用外挂板时,可分为封闭式防水和开放式防水。常见的封闭式防水构造（图 3.121）,封闭式防水最外侧为耐候密封胶,中间部分为高低缝构造、减压空腔,内侧为互相压紧的止水带,墙体每竖向相隔 3 块左右设一处排水管将渗入减压空间的水引入室外。

预制外挂板进场时,应检查止水条的牢固性和完整性,吊装过程中保护防水空腔、止水条、橡胶条与水平接缝等部位。密封胶施工在外墙板校核固定后进行,施工前清理、干燥板缝及空腔,按设计要求控制胶宽度和厚度,密封胶应均匀顺直、饱满密实、表面平滑连续。

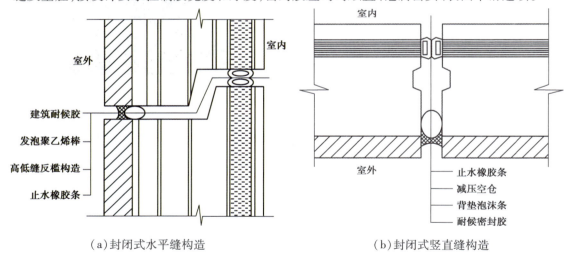

（a）封闭式水平缝构造　　　　　　　（b）封闭式竖直缝构造

图 3.121　封闭式防水构造

②预制外墙板间十字缝接缝防水施工操作。预制外墙板间十字缝接缝防水施工工艺与流程:基层清理→打胶厚度、范围确定→设置背衬材料→粘贴防护胶带→涂刷基层处理剂→密封胶检验、混料、装填→打胶施工→表面修理及处理→胶体养护→现场检验→检验合格后清理防护胶带→工完料清。

A. 施工前准备工作:

a. 检查需要做接缝防水施工的预制混凝土外墙板,确保竖向和横向的预留凹槽应清理干净并保持畅通;橡胶空心气密条粘贴前,先扫净混凝土表面灰尘,并涂刷专用胶黏剂然后压入,吊装前,检查气密条粘贴的牢固性和完整性;缺棱掉角及损坏处应在吊装就位前进行修复。

b.密封作业前,检查接缝的外观质量,确保满足:接缝的宽度除设计另有规定外应为10～30 mm,并应保持畅通;吊装过程中造成的缺棱掉角等破损部位应修补;堵塞处进行清理,错台部位应打磨平整。严禁采用剔凿的方式增加接缝宽度。

c.检查接缝两侧的混凝土基层,确保满足:基层坚实、平整,不得有蜂窝、麻面、起皮、起砂现象;表面清洁、干燥,无油污、无灰尘;接缝两侧基层高度偏差不宜大于2 mm。

d.嵌填密封材料前,做好施工机具、安全防护设施、材料准备等工作。

e.按照施工方案,确定打胶厚度和范围。

B.嵌填密封:

a.在接缝中设置连续的背衬材料,背衬材料与接缝两侧基层之间不得留有空隙,预留深度应与密封胶设计厚度一致。

b.接缝两侧基层表面防护胶带粘贴应连续平整,宽度不应小于20 mm。

c.处理剂宜单向涂刷,涂刷均匀,不得漏涂。

C.密封打胶:

a.待基层处理剂表干后嵌填密封胶。

b.单组分密封胶可直接使用,双组分密封胶应按比例准确计量,并应搅拌均匀。双组分密封胶应随拌随用,拌和时间和拌和温度等应符合产品说明书的要求。混匀的密封胶应在适用期内用完,超过适用期的胶料不应再与新混合的密封胶一起使用。

c.应根据接缝的宽度选用口径合适的挤出嘴,挤出应均匀。

d.宜从一个方向进行打胶,并由背衬材料表面逐渐充满整条接缝。

e.新旧密封胶的搭接应符合产品施工工艺要求。

f.密封胶厚度应控制在接缝宽度的0.5～0.7倍且不应小于8 mm。

g.密封胶嵌填应密实、连续、饱满,应与基层黏结牢固;胶体表面应平滑,缝边应顺直,不得有气泡、孔洞、开裂、剥离等现象。

D.修理养护:

a.嵌填密封胶后,应在密封胶表干前用专用工具对胶体表面进行修整,溢出的密封胶应在固化前进行清理。

b.胶体养护,密封胶胶体固化前应避免损坏及污染,不得泡水。

c.检验合格后清理防护胶带。

4)预制外墙板连接施工质量检查

外墙作为建筑物的围护结构,除要求具有足够的承载能力外,还要具有良好的保温、隔热、隔声、防水等物理性能。对预制外剪力墙、预制外挂墙板,因其连接机理不同,在连接质量的检测上有不同之处。

(1)预制剪力墙板连接施工质量检查

①钢筋套筒灌浆连接质量检查。灌浆套筒质量检查,当灌浆套筒进场时,应抽取同一批

号、同一类型、同一规格的灌浆套筒,不超过 1 000 个为一批,每批随机抽取 10 个灌浆套筒,检验外观质量、标识、尺寸偏差、质量证明文件和抽样检验报告,检验结果应符合现行行业标准《钢筋连接用灌浆套筒》(JG/T 398)和《钢筋套筒灌浆连接应用技术规程》(JGJ 355)的有关规定。

灌浆料质量检查,进场时,应对灌浆料拌合物 30 min 流动度、泌水率及 3 d 抗压强度、28 d 抗压强度、3 h 竖向膨胀率、24 h 和 3 h 竖向膨胀率差值进行检验,检验结果应符合现行规程《钢筋套筒灌浆连接应用技术规程》(JGJ 355)的有关规定;同一成分、同一批号的灌浆料,不超过 50 t 为一批,每批按现行行业标准《钢筋连接用套筒灌浆料》(JG/T 408)的有关规定随机抽取灌浆料制作试件。

全数检查钢筋套筒灌浆连接及浆锚搭接连接的灌浆应密实饱满,检验方法:检查灌浆施工质量检查记录。

②后浇区钢筋混凝土质量检查。钢筋采用机械连接时,其接头质量应符合国家现行标准《钢筋机械连接技术规程》(JGJ 107)的要求。检查钢筋机械连接施工记录及平行加工试件的强度试验报告。

钢筋采用焊接连接时,按现行行业标准《钢筋焊接及验收规程》(JGJ 18)规定的检查数量,检查质量证明文件和平行加工试件的检验报告,其接头质量应符合现行行业标准《钢筋焊接及验收规程》(JGJ 18)的规定。

按现行国家标准《混凝土强度检验评定标准》(GB/T 50107)的要求,在后浇混凝土施工时,对后浇混凝土按批检验进行检查,检验批应符合:预制构件结合面疏松部分的混凝土应剔除并清理干净;模板应保证后浇混凝土部分形状、尺寸和位置准确,并应防止漏浆;在浇筑混凝土前应洒水润湿结合面,混凝土应振捣密实;同一配合比的混凝土,每工作班且建筑面积不超过 1 000 m^2 应制作一组标准养护试件,同一楼层应制作不少于 3 组标准养护试件。

后浇部分结构实体检验,结构实体检验的内容应包括混凝土强度、钢筋保护层厚度以及工程合同约定的项目。

(2)预制外挂板连接施工质量检查

外挂板预制构件采用焊接、螺栓连接等连接方式时,按照国家现行标准《钢结构工程施工质量验收标准》(GB 50205)和《钢筋焊接及验收规程》(JGJ 18)的相关规定,检查施工记录及平行加工试件的检验报告,其材料性能及施工质量应符合标准要求。

全数检查外墙板连接板缝的防水止水条,检查质量合格证明文件、检验报告和隐蔽验收记录,其品种、规格、性能等应符合现行国家产品标准和设计要求。

防水性施工的质量检查,按批检验现场淋水试验报告,每 1 000 m^2 外墙面积应划分为一个检验批,不足 1 000 m^2 时也应划分为一个检验批;每个检验批每 100 m^2 应至少抽查一处,每处不得少于 10 m^2。现场淋水试验应满足下列要求:淋水流量不应小于 5 L/(m·min),淋水试验时间不应小于 2 h,检测区域不应有遗漏部位,淋水试验结束后,检查背水面有无渗漏。

5)构件连接质量检查及常见质量问题处理

(1)构件连接质量检查

①预制构件机械连接质量检查。预制构件机械连接质量检验与验收要求纵向钢筋采用套

筒灌浆连接时,接头应满足现行行业标准《钢筋机械连接技术规程》(JGJ 107)中I级接头的要求,并应符合国家现行有关标准的规定;钢筋套筒灌浆连接接头采用的套筒应符合现行行业标准《钢筋连接用灌浆套筒》(JG/T 398)的规定;钢筋套筒灌浆连接接头采用的灌浆料应符合现行行业标准《钢筋连接用套筒灌浆料》(JG/T 408)的规定。

质量验收规定如下:

A. 钢筋套筒灌浆连接及浆锚搭接连接的灌浆应密实饱满。

检查数量:全数检查。

检验方法:检查灌浆施工质量检查记录。

B. 钢筋套筒灌浆连接及浆锚搭接连接用的灌浆料强度应满足设计要求。

检查数量:按批检验,以每层为一检验批;每工作班应制作一组且每层不应少于3组40 mm×40 mm×160 mm的长方体试件,标准养护28 d后进行抗压强度试验。

检验方法:检查灌浆料强度试验报告及评定记录。

C. 剪力墙底部接缝坐浆强度应满足设计要求。

检查数量:按批检验,以每层为一检验批;每工作班应制作一组且每层不应少于3组边长为70.7 mm的立方体试件,标准养护28 d后进行抗压强度试验。

检验方法:检查坐浆材料强度试验报告及评定记录。

D. 钢筋采用焊接连接时,其焊接质量应符合现行行业标准《钢筋焊接及验收规程》(JGJ 18)的有关规定。

检查数量:按现行行业标准《钢筋焊接及验收规程》(JGJ 18)的规定确定。

检验方法:检查钢筋焊接施工记录及平行加工试件的强度试验报告。

E. 钢筋采用机械连接时,其接头质量应符合现行行业标准《钢筋机械连接技术规程》(JGJ 107)的有关规定。

检查数量:按现行行业标准《钢筋机械连接技术规程》(JGJ 107)的规定确定。

检验方法:检查钢筋机械连接施工记录及平行加工试件的强度试验报告。

F. 预制构件采用焊接连接时,钢材焊接的焊缝尺寸应满足设计要求,焊缝质量应符合现行行业标准《钢结构焊接规范》(GB 50661)和《钢结构工程施工质量验收标准》(GB 50205)的有关规定。

检查数量:全数检查。

检验方法:按现行国家标准《钢结构工程施工质量验收标准》(GB 50205)的要求进行。

G. 预制构件采用螺栓连接时,螺栓的材质、规格、拧紧力矩应符合设计要求及现行国家标准《钢结构设计规范》(GB 50017)和《钢结构工程施工质量验收标准》(GB 50205)的有关规定。

检查数量:全数检查。

检验方法:按现行国家标准《钢结构工程施工质量验收标准》(GB 50205)的要求进行。

②预制构件现浇连接质量检验与验收。预制构件现浇连接质量检验与验收要求装配式结构的外观质量除设计有专门的规定外,尚应符合现行国家标准《混凝土结构工程施工质量验收规范》(GB 50204)中有关现浇混凝土结构的规定;在连接节点及叠合构件浇筑混凝土前,应进行隐蔽工程验收,其内容应包括现浇结构的混凝土结合面;后浇混凝土处钢筋的牌号、规格、数

量、位置、锚固长度等；抗剪钢筋、预埋件、预留专业管线的数量、位置；构件连接部位后浇混凝土及灌浆料的强度达到设计要求后，方可拆除临时固定措施。

质量验收规定如下：

A.后浇混凝土强度应符合设计要求。

检查数量：按批检验，检验批应符合以下要求：

a.预制构件结合面疏松部分的混凝土应剔除并清理干净。

b.模板应保证后浇混凝土部分形状、尺寸和位置准确，并应防止漏浆。

c.在现筑混凝土前应洒水润湿结合面，混凝土应振捣密实。

d.同一配合比的混凝土，每工作班且建筑面积不超过 1 000 m² 应制作一组标准养护试件，同一楼层应制作不少于 3 组标准养护试件。

检验方法：按现行国家标准《混凝土强度检验评定标准》（GB/T 50107）的要求进行。

B.承受内力的接头和拼缝，当其混凝土强度未达到设计要求时，不得吊装上一层结构构件，当设计无具体要求时，应在混凝土强度不小于 10 N/mm² 或具有足够的支承时方可吊装上一层结构构件，已安装完毕的装配式结构应在混凝土强度到达设计要求后，方可承受全部设计荷载。

检查数量：全数检查。

检验方法：检查施工记录及试件强度试验报告。

C.外墙板接缝的防水施工质量检查。

预制墙板接缝防水施工质量是保证装配式外墙防水性能的关键，施工时，应按设计要求进行选材和施工，并采取严格的检验验证措施。

a.预制构件外墙板连接板缝的防水止水条，其品种、规格、性能等应符合现行国家产品标准和设计要求：

检查数量：全数检查。

检验方法：检查产品的质量合格证明文件、检验报告和隐蔽验收记录。

b.防水性施工的质量检查按照以下要求进行：

检查数量：按批检验。每 1 000 m² 外墙面积应划分为一个检验批，不足 1 000 m² 时也应划分为一个检验批；每个检验批每 100 m² 应至少抽查一处，每处不得少于 10 m²。

检验方法：检查现场淋水试验报告。现场淋水试验应满足下列要求：淋水流量不应小于 5 L/（m· min），淋水试验时间不应小于 2 h，检测区域不应有遗漏部位，淋水试验结束后，检查背水面有无渗漏。

（2）常见预制构件连接质量问题及处理

①预制构件现浇部位钢筋错位。预制构件的预留钢筋在与现浇结构连接时，因预留钢筋尺寸有偏差，导致现场预留钢筋与现浇结构的钢筋会发生碰撞且很难调节，对后续钢筋的绑扎施工产生很大影响。

常见原因：深化设计不到位、预制构件制作精度不够、构件运输与堆放不符合要求使得钢筋变形、预制构件吊装不规范、安装未按照要求程序进行。

预防措施：构件在设计和生产时应充分考虑此原因调整钢筋尺寸及预留位置或采取预留

钢筋接驳器后植筋的办法;加强构件运输、堆放与安装的管理。

②预制构件灌浆不密实问题。

预制构件灌浆出现不密实,导致钢筋锚固连接失效,进而影响构件与结构传力。

常见原因:灌浆料配置不合理;波纹管干燥;灌浆管道不畅通、嵌缝不密实造成漏浆;操作不符合要求、操作人员无质量意识。

预防措施:严格按照说明书的配比及放料顺序进行配制,搅拌方法及搅拌时间根据说明书进行控制。构件吊装前应仔细检查注浆管、拼缝是否通畅,灌浆前 30 min 可适当撒少量水对灌浆管进行湿润,但不得有积水。使用压力注浆机,一块构件中的灌浆孔应一次连续灌满,并在灌浆料终凝前将灌浆孔表面压实抹平;灌浆料搅拌完成后保证 30 min 以内将料用完。加强操作人员培训与管理,提高操作人员施工质量意识。

③后浇区域模板工程缺陷。

预制构件后浇区域尺寸精度差,观感质量差,出现露筋、蜂窝麻面,其他影响连接质量缺陷。

常见原因:后浇部分模板周转次数过多,板缝较大不严密易漏浆,尤其节点处模板尺寸的精确性差,连接困难,后浇混凝土养护时间不足就拆卸模板和支撑,造成构件开裂,影响观感和连接质量。预制墙板与相邻后浇混凝土墙板缝隙及高差大、错缝等,连接处缝隙封堵不好,影响观感和连接质量。

预防措施:加强模板管理,提高安装质量,及时更换变形、损坏的模板,采用新型铝模板。

3.4.4　成品保护

在装配式建筑施工过程中,其中有一部分工程已经完成,部分工程尚在施工,或者某些部位已经完成,其他部位正在施工,如果对已完工的成品不采取妥善措施加以保护,会造成损毁或伤害,阻碍后续环节的正常进行,影响结构和观感质量。

因此,加强成品保护是一项关系到确保工程整体质量、提高项目管理水平,降低工程成本、按期竣工的重要环节。

1)成品保护责任和措施

(1)一般性要求

项目部根据施工组织设计、施工方案、施工图纸、预制构件图纸编制成品保护方案;以合同、协议等形式明确各分包单位对成品的交接和保护责任,确定主要分包单位为主要成品保护责任单位,项目部在各分包单位保护成品工作方面起协调、监督作用。

由项目统一供应的材料、半成品、预制构件、设备等进场后,由项目经理部材料部门负责保管,项目部现场经理和项目部安全保卫部门进行协助管理;由项目部发送到分包单位的材料、半成品、预制构件、设备,由各分包单位负责保管、使用,确保其在存放、安装等过程以及之后不被损坏。

(2)主体结构吊装施工阶段

装配式建筑结构安装施工工程分包施工单位为主要后期成品保护责任人,水、电、暖通等配合施工专业队伍要有保护土建项目的保护措施后方可作业,在水、电、暖通等专业施工项目完成并进行必要的成品保护后,向土建分包单位进行交接。对一些关键工序(预制构件吊装、灌浆套筒施工、后浇区钢筋过程、后浇区模板过程、混凝土浇筑),土建、水电安装均要设专人看护及维修。

(3)装修及设备安装施工阶段

装修、设备安装阶段特别是收尾、竣工阶段的成品保护工作尤为重要,这一阶段主要的成品保护的责任单位是装修分包单位;设备成品保护的责任单位是水电安装的分包单位。土建和水电施工必须按照成品保护方案的要求进行作业。

①分包单位。在工程收尾阶段,装饰分包单位分层、分区设置专职成品保护员。施工完成后要经成品保护员检查确认没有损坏成品,签字后方准离开作业区域,若因成品保护员的工作失误,没有找出成品损坏的人员或单位,这部分损失将由成品保护责任单位及责任人负责赔偿。

上道工序与下道工序(主要指土建与水电,不同分包单位间的工序交接)要办理交接手续,该项交接工作在各分包之间进行,项目部起协调监督作用,项目部各责任工程师如实记录交接情况。

分包单位在进行本道工序施工时,如需要碰动其他专业的成品时,分包单位以书面形式上报项目部,项目经理与其他专业分包协调后,其他专业派人协助分包单位施工,待施工完成后,其他人员恢复其成品。

②项目部。项目部制订季度、月度计划时,要根据总控计划进行科学合理的编制;防止工序倒置和不合理赶工期的交叉施工以及采取不当的防护措施而造成的互相损坏、反复污染等现象的发生。

项目部技术部门对责任施工员进行方案交底,各责任施工员对各分包的技术交底及各分包单位对班组及成员的操作交底的同时,必须对成品保护工作进行交底。

项目部对所有入场分包单位都要进行定期的成品保护意识的教育工作,依据合同、规章制度、各项保护措施,使分包单位认识到做好成品保护工作是保证自己的产品质量从而保证分包自身的荣誉和切身的利益。

2)常见成品保护措施

(1)保护

提前对主体结构构件保护,以防止成品可能发生的损伤和污染。如门洞口进行二次结构施工或设备安装时,进出运输时容易碰坏两侧主体结构,可以在容易受影响的高度钉防护条进行保护,如图 3.122 所示。

(2)包裹

对成品件、设备进行包装,防止其在搬运、贮存至交付过程中受影响而导致质量下降。采购单位在订货时向供应商明确物资包装要求,包装及标志材料不能影响物资质量。对装箱包装的物资,保持物资在箱内相对稳定,有装箱单和相应的技术文件,包装外部必须有明显的产品标识及防护(如防雨、易碎、倾倒、放置方向等)标志。

图 3.122　防护条保护

如针对采用反打工艺生产的预制构件,因其外侧已经在出厂时粘贴装饰瓷砖,故对这类构件应进行严格的包装保护,如图 3.123 所示。

图 3.123　反打工艺生产的预制构件外部装饰瓷砖需要进行保护包装

(3)覆盖

对楼地面成品主要采取覆盖措施,以防止成品损伤,对待安装的预留件进行保护。如用木板、加气板等覆盖,以防操作人员踩踏和物体磕碰,其他需要防晒、保温养护的项目,也要采取适当的措施覆盖。针对装配式吊装中后浇层上的预留钢筋,同样采用覆盖包裹的方式防止其被碰撞或者淋雨生锈,如图 3.124 所示。

(4)封闭

对楼梯地面工程,施工后可在楼梯口暂时封闭,待达到上人强度并采取保护措施后再开放;室内墙面、天棚、地面等房间内的装饰工程完成后,应立即锁门以进行保护。

(5)巡逻看护

对已完产品实行全天候的巡逻看护,并实行标色管理,规定进入各个施工区域的人员必须佩戴由承包方颁发的贴有不同颜色标记的胸卡,防止无关人员进入。

(6)搬运

物资的采购、使用单位应对其搬运的物资进行保护,保证物资在搬运过程中不被损坏,并保护产品的标识。搬运考虑道路情况、搬运工具、搬运能力与天气情况等。对容易损坏、易燃、易爆、易变质和有毒的物资,以及业主有特殊要求的物资,物资的采购/使用单位负责人指派人员制订专门的搬运措施,并明确搬运人员的职责。

图 3.124　预留钢筋覆盖包裹保护

(7)贮存

贮存物资要有明显标识,做到账、卡、物相符。对有追溯要求的物资(如钢材、水泥)应做到批号、试验单号、使用部位等清晰可查。必要时(如安全、承压、搬运方便等)应规定堆放高度等。对有环境(如温度、湿度、通风、清洁、采光、避光、防鼠、防虫等)要求的物资,仓库条件必须符合规定。

3)主要分部分项工程成品保护措施

(1)测量定位

装配式建筑施工中,针对下部现浇基础(或地下工程)、上部构件吊装定位,都需要测量定位相对准确,故对于定位控制保护也有较高要求,定位桩采取浇筑混凝土固定,搭设保护架,悬挂明显标志作提示,水准引测点尽量引测到周围永久建筑物上或围墙上,标识明显,不准堆放材料遮挡。

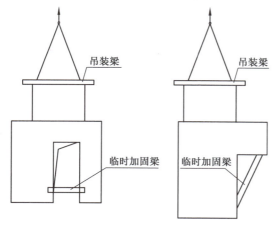

图 3.125　预制构件吊装保护措施

(2)土方工程

装配式建筑地下结构施工时,对已有建筑物、构筑物及各种管线要事先勘查清楚,进行观测并制定保护措施。

(3)吊装工程

预制构件吊装施工是装配式建筑施工的核心,吊装阶段应延续构件运输、堆放阶段对构件的保护措施,在吊装时合理设置吊点、增设吊装梁以保证构件吊装时受力合力,以防破坏,同时对异形构件适当增加零时加固措施,防止吊装构件破坏,确保吊装安全,如图3.125所示。

对就位的竖向构件（预制柱、预制剪力墙），采用斜支撑临时固定，如图 3.126 所示；对就位的水平构件（预制叠合梁、叠合楼板、预制阳台等），采用竖向临时支撑予以支撑，确保构件就位稳定与施工安全，如图 3.127 所示。

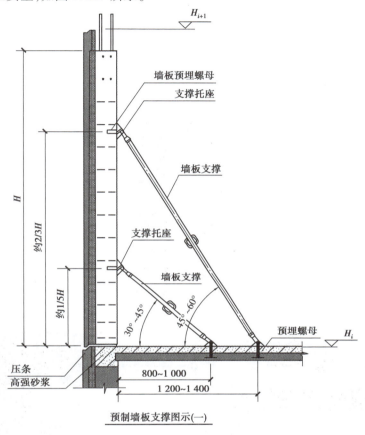

图 3.126　预制剪力墙临时斜支撑

图 3.127　预制梁、叠合板下部竖向支撑

(4) 钢筋工程

装配式建筑施工中，预制构件的后浇区需要完成预留钢筋调整、附加钢筋安装绑扎、钢筋保护层控制。钢筋按图绑扎成型完工后，将多余的钢筋、扎丝及垃圾清理干净。

预留钢筋注意包裹保,防止碰撞、生锈。

梁、板绑扎成型后,后续工种施工作业人员不能任意踩踏或堆置重物,以免钢筋弯曲变形。在楼板混凝土浇筑前需采用包裹、遮挡等方法保护竖向钢筋以免污染。

木工支模及安装预埋、混凝土浇筑时,不得随意弯曲、拆除钢筋。模板隔离剂不得污染钢筋,如发现污染应及时清洗干净。

浇筑混凝土时,泵管用钢筋蹬架起并放置在跳板上,不允许直接铺放在绑好的钢筋上,以免泵管振动将钢筋移位。浇筑混凝土时,设专人看钢筋,以防钢筋移位,如图3.128和图3.129所示。

图3.128　预制剪力墙后浇区钢筋工程

图3.129　水平叠浇层钢筋工程

(5)模板工程

楼板模板完成后,严禁在模板上堆放集中施工荷载,并及时将多余材料及垃圾清理干净。预留、预埋件在支模时配合进行安装,不得任意拆除模板及重锤敲打模板和支撑,以免影响质量,混凝土浇筑时,不得用振动棒等撬动模板、预埋件等。

(6)混凝土工程

混凝土浇筑完毕后未达到1.2 MPa严禁上人采踏或进行下道工序施工,在没有达到设计强度前严禁在楼板处集中堆放模板、木枋、门架等集中荷载。

复习思考题

1. 预制构件制作工艺有哪些？

2. 预应力工艺是预制构件固定生产方式的一种，预应力工艺有哪些？其适用范围是什么？

3. 预制构件生产工艺包括哪些主要流程？

4. 预制构件的生产前准备有哪些？

5. 预制构件生产中，如何进行模具清理？

6. 预制构件生产中，涂刷隔离剂时应注意什么？

7. 预制构件的场内运输应注意什么？

8. 运输路线的选择应考虑哪些情况？

9. 简述预制构件堆放场地的要求。

10. 预制构件进场检查内容有哪些？

11. 预制构件运至施工现场时的检查包括哪些内容？

12. 简述预制构件吊装设计要点。

13. 预制构件吊装前的准备与作业要求有哪些？

14. 预制主次梁吊装过程中，从临时支撑系统架设至主次梁接缝连接的主要环节施工要领是什么？

15. 预制实心剪力墙吊装施工流程是什么？预制实心剪力墙吊装施工操作要求是什么？

16. 预制构件节点现浇连接的基本要求是什么？

17. 套筒灌浆连接的工作原理是什么？施工灌浆基本流程是什么？

第4章 装配式混凝土建筑质量控制与验收

【本章内容】

本章主要介绍预制构件生产阶段的质量控制与验收的相关要求、预制构件施工阶段的质量控制与验收的相关要求。

【本章重点】

预制构件生产质量控制要点、预制构件安装质量控制要点。

【延伸与思考】

为了提高预制构件工厂生产的产品质量,降低生产过程中的成本,以及确保预制构件在现场安装中实现无缝连接,要求从业人员在工作过程中务必秉承精益求精、求真务实的工作态度。

 ## 4.1 预制构件生产阶段的质量控制与验收

预制构件生产
阶段的质量控
制与验收

4.1.1 模板工程质量检验与验收

1)预制构件模具检查

构件生产应根据图纸及设计要求选择合适的模具,所有模具必须清理干净,不得有铁锈、油污及混凝土残渣。使用中的模板应定期检查,并做好检查记录。所选模具的尺寸允许偏差应符合表4.1的要求。

表4.1 预制构件模具尺寸的允许偏差和检验方法

项次	项目	允许偏差/mm	检验方法
1	长度	0,−4	激光测距仪或钢尺,测量平行构件高度方向,取最大值
2	宽度	0,−4	激光测距仪或钢尺,测量平行构件宽度方向,取最大值
3	厚度	0,−2	钢尺测量两端或中部,取最大值
4	构件对角线	<5	激光测距仪或钢尺量纵、横两个方向对角线
5	侧向弯曲	$L/1\ 500$,且≤3	拉尼龙线,钢角尺测量弯曲最大处
6	端向弯曲	$L/1\ 500$	拉尼龙线,钢角尺测量弯曲最大处

续表

项次	项目		允许偏差/mm	检验方法
7	底模板表面平整度		2	2 m 铝合金靠尺和金属塞尺测量
8	拼装缝隙		1	金属塞片或塞尺量
9	预埋件、插筋、安装孔、预留孔中心线位移		3	钢尺测量中心坐标
10	端模与侧模高低差		1	钢角尺量测
11	窗框口	厚度	0,-2	钢尺测量两端或中部,取最大值
		长度、宽度	0,-4	激光测距仪或钢尺,测量平行构件长度、宽度方向,取最大值
		中心线位置	3	用尺量纵、横两中心位置
		垂直度	3	用直角尺和基尺测量
		对角线差	3	用尺量两个对角线

2）模具组装后质量检查

组装模具前,应在模具拼接处粘贴双面胶,或者在组装后打密封胶,防止在混凝土浇筑振捣过程中漏浆。侧模与底模、顶模与侧模组装后必须在同一平面内,不得出现错台。

组装后校对模具内的几何尺寸,并拉对角校核,然后使用磁力盒或螺丝进行紧固。使用磁力盒固定模具时,一定要将磁力盒底部杂物清除干净,且必须将螺丝有效地压在模具上。

模具组装允许误差及检验方法见表4.2。

表4.2　模具组装尺寸允许偏差及检验方法

测定部位	允许偏差/mm	检验方法
边长	±2	钢尺四边测量
对角线误差	3	细线测量两根对角线尺寸,取差值
底模平整度	2	对角用细线固定,钢尺测量细线到底模各点距离的差值,取最大值
侧模高差	2	钢尺两边测量取平均值
表面凹凸	2	靠尺和塞尺检查
扭曲	2	对角线用细线固定,钢尺测量中心点高度差值
翘曲	2	四角固定细线,钢尺测量细线到钢模板边距离,取最大值
弯曲	2	四角固定细线,钢尺测量细线到钢模顶距离,取最大值
侧向扭曲	$1.0(H \leqslant 300)$	侧模两对角用细线固定,钢尺测量中心点高度
	$2.0(H > 300)$	侧模两对角用细线固定,钢尺测量中心点高度

4.1.2 钢筋工程质量检验与验收

1）钢筋进场验收

运至现场的钢筋验收,包括钢筋标牌和外观检查,并按有关规定取样进行机械性能检验。

（1）标牌验收

钢筋出厂每捆（盘）应挂有标牌（标注厂名、生产日期、钢号、炉罐号、钢筋级别、直径等）,并有随货同行的出厂质量证明书或试验报告书。钢筋应按品种、批号及直径分批验收,每批数量由同一牌号、同一炉罐号、同一规格的钢筋组成。热轧钢筋不超过 60 t 为一个检验批。

（2）外观检查

热轧钢筋表面不得有裂缝、结疤和折叠,外形尺寸应符合规定;钢筋应平直、无损伤,表面不得有裂纹、油污、颗粒状或片状老锈。

（3）力学性能检验

从每批次钢筋中任选两根。每根（去掉两端头 500 mm）取两个试件分别进行拉伸试验（屈服点、抗拉强度和伸长率的测试）和冷弯次数试验。如有一项试验结果不符合规定,则应从同一批钢筋中另取双倍数量的试件重做各项试验;如仍有一个试件不合格,则该批钢筋为不合格品,应不予验收或降级使用。

2）钢筋丝头加工质量检查

钢筋套丝加工要求如下:

①对端部不直的钢筋要预先调直,按规程要求,切口的端面应与轴线垂直,不得有马蹄形或挠曲。因此,刀片式切断机和氧气吹割都无法满足加工精度要求,通常只有采用砂轮切割机,按配料长度逐根进行切割。

②加工丝头时,应采用水溶性切削液,当气温低于 0 ℃时,应掺入 15% ~20% 亚硝酸钠。严禁用机油作切削液或不加切削液加工丝头。

③操作工人应按表 4.3 的要求检查丝头的加工质量,每加工 10 个丝头用环通规、环止规检查一次。钢筋丝头质量检验的方法及要求应满足表 4.3 的规定。

表 4.3　钢筋套丝加工允许偏差表

序号	检验项目	量具名称	检验要求
1	螺纹牙型	目测、卡尺	牙型完整,螺纹大径低于中径的不完整丝扣累计长度不得超过两个螺纹周长
2	丝头长度	卡尺、专用量规	拧紧后钢筋在套筒外露丝扣长度应大于 0 扣,且不超过 1 扣
3	螺纹直径	螺纹环规	检查工件时,合格的工件应能通过通端而不能通过止端,即螺纹完全旋入环通规,而旋入环止规不得超过 2P,即判定螺纹尺寸合格

④连接钢筋时,钢筋规格和套筒的规格必须一致,钢筋和套筒的丝扣应干净、完好无损。

⑤采用预埋接头时,连接套筒的位置、规格和数量应符合设计要求。带连接套筒的钢筋应固定牢靠,连接套筒的外露端应有保护盖。

⑥滚压直螺纹接头应使用管钳和力矩扳手进行施工,将两个钢筋丝头在套筒中间位置相互顶紧,接头拧紧扭矩应符合表4.4的规定。力矩扳手的精度为±5%。

表4.4　直螺纹接头安装时的最小拧紧扭矩值

钢筋直径/mm	≤16	18~20	22~25	28~32	36~40
拧紧扭矩/(N·m)	100	200	260	320	360

⑦经拧紧后的滚压直螺纹接头应随手刷上红漆以作标识,单边外露丝扣长度不应超过1扣。

⑧根据抗拉强度以及高应力和大变形条件下反复拉压性能的差异,接头应分为下列3个等级:

a. Ⅰ级接头:接头抗拉强度不小于被连接钢筋的实际抗拉强度或1.1倍钢筋抗拉强度标准值并具有高延性及反复拉压性能。

b. Ⅱ级接头:接头抗拉强度不小于被连接钢筋抗拉强度标准值,并具有高延性及反复拉压性能。

c. Ⅲ级接头:接头抗拉强度不小于被连接钢筋屈服强度标准值的1.35倍,并具有一定的延性及反复拉压性能。

3) 钢筋绑扎质量检查

钢筋骨架制作偏差应满足表4.5的要求。

表4.5　钢筋网或钢筋骨架尺寸和安装位置偏差

项次	检验项目及内容		允许偏差/mm	检验方法
1	绑扎钢筋网片	长、宽	±5	尺量
		网眼尺寸	±10	尺量连续3档,取偏差最大值
2	焊接钢筋网片	长、宽	±5	尺量
		网眼尺寸	±10	尺量连续3档,取偏差最大值
		对角线差	5	尺量
		端头不齐	5	

续表

项次	检验项目及内容		允许偏差/mm	检验方法
3	钢筋骨架	长	±10	尺量
		宽	±5	
		厚	0, −5	
		主筋间距	±10	
		排距	±5	尺量两端、中间各一点取偏差最大值
		箍筋间距	±10	
		钢筋弯起点位置	±20	尺量
		端头不齐	5	
4	保护层厚度	柱、梁	±5	尺量

4.1.3　混凝土工程质量检验与验收

混凝土工程质量检查包括施工过程中的质量检查和养护后的质量检查。施工过程中的质量检查,即在混凝土制备和浇捣过程中对原材料的质量、配合比、坍落度等的检查,每一工作班至少检查两次,如遇特殊情况还应及时进行检查。混凝土的搅拌时间应随时检查。

混凝土养护后的质量检查主要指混凝土立方体抗压强度。混凝土抗压强度应以标准立方体试件(边长150 mm),在标准条件下[温度(20±2)℃、相对湿度95%以上]养护28 d后测得的抗压强度,试件尺寸和换算系数见表4.6。

表4.6　混凝土试件尺寸及其强度换算系数

骨料最大粒径/mm	试件边长/mm	强度的尺寸换算
≤31.5	100	0.95
≤40	150	1.00
≤63	200	1.05

注:对强度等级为C60及以上的混凝土试件,其强度的尺寸换算系数可通过实验确定。

质量检查的一般要求:

①混凝土的强度等级必须符合设计要求。用于检查混凝土强度的试件,应在浇捣地点随机抽样留设,不得挑选。

如果对混凝土试件强度的代表性有怀疑,可采用非破损检验方法或从结构、构件中钻取芯样的方法,按有关标准规定,对结构构件中的混凝土强度进行推定,作为是否应进行处理的依据。混凝土现场检测抽样有回弹法、超声波回弹综合法及钻芯法等,检测混凝土的抗压强度。

②对采用蒸汽法养护的混凝土结构构件,其混凝土试件应先随结构构件同条件蒸汽养护,再转入标准条件养护28 d。

③当混凝土中掺用矿物掺合料时,确定混凝土强度时的龄期可按现行国家标准《粉煤灰混凝土应用技术规范》(GB/T 50146)等的规定取值。

④检验评定混凝土强度用的混凝土试件的尺寸及强度的尺寸换算系数应按相关规定取用;其标准形成方法、标准养护条件及强度试验方法应符合普通混凝土力学性能试验方法标准的规定。

⑤构件拆模、出池、出厂、吊装、张拉、放张及施工期间负荷时混凝土的强度,应根据同条件养护的标准尺寸试件的混凝土强度确定。

4.1.4　预埋件、预留洞口质量检验与验收

按照图纸的要求,将连接套筒固定在模板及钢筋笼上;利用磁性底座将套筒软管固定在模台表面;将简易工装连同预埋件(主要指斜支撑固定埋件、固定现浇混凝土模板埋件)安装在模具上,利用磁性底座将预埋件与底模固定并安装锚筋,完成后拆除简易工装;安装水电盒、穿线管、门窗口防腐木块等预埋件,如图 4.1 所示。

固定在模具上的套筒、螺栓、预埋件和预留孔洞应按构件模板图进行配置,且应安装牢固,不得遗漏,允许偏差及检验方法应满足表 4.7 的规定。

图 4.1　预埋件安装

表 4.7　预留和预埋质量要求和允许偏差及检验方法

项目		允许偏差/mm	检验方法
钢筋连接套筒	中心线位置	±2	尺量
	安装垂直度	3	拉水平线、竖直线测量两端差值
	套筒注入、排出口的堵塞		目视
插筋	中心线位置	±5	尺量
	外露长度	+10,0	
螺栓	中心线位置	±2	
	外露长度	+10,−5	
预埋钢板	中心线位置	±3	
预留孔洞	中心线位置	±3	
	尺寸	+10,0	
连接件	中心线位置	±3	
其他需要先安装的部件		安装状况:种类、数量、位置、固定状况	与构件制作图对照及目视

注:钢筋连接套筒除应满足上述指标外,尚应符合套筒厂家规定的允许误差值。

4.2 装配式混凝土结构施工质量控制与验收

4.2.1 预制构件吊装质量检验与验收

1)一般规定

预制构件吊装质量检验与验收的一般规定如下：

①装配式结构采用钢件焊接、螺栓等连接方式时，其材料性能及施工质量验收应符合现行国家标准《钢结构工程施工质量验收标准》(GB 50205)的相关要求。

②装配式混凝土结构安装顺序以及连接方式应保证施工过程中结构构件具有足够的承载力和刚度，并应保证结构整体稳固性。

③装配式混凝土构件安装过程的临时支撑和拉结应具有足够的承载力和刚度。

④装配式混凝土结构吊装起重设备的吊具及吊索规格应经验算后确定。

2)质量验收

①预制构件与结构之间的连接应符合设计要求。

检查数量：全数检查。

检验方法：观察，检查施工记录。

②剪力墙底部接缝坐浆强度应满足设计要求。

检查数量：按批检验，以每层为一检验批，每工作班应制作一组且每层不应少于3组边长为70.7 mm的立方体试件，标准养护28 d后进行抗压强度试验。

检验方法：检查坐浆材料强度试验报告及评定记录。

③预制构件采用焊接连接时，钢材焊接的焊缝尺寸应满足设计要求，焊缝质量应符合现行国家标准《钢结构焊接标准》(GB 50661)和《钢结构工程施工质量验收标准》(GB 50205)的有关规定。

检查数量：全数检查。

检验方法：按现行国家标准《钢结构工程施工质量验收标准》(GB 50205)的要求进行。

④预制构件采用螺栓连接时，螺栓的材质、规格、拧紧扭矩应符合设计要求及现行国家标准《钢结构设计标准》(GB 50017)和《钢结构工程施工质量验收标准》(GB 50205)的有关规定。

检查数量：全数检查。

检验方法：按现行国家标准《钢结构工程施工质量验收标准》(GB 50205)的要求进行。

⑤预制构件临时安装支撑应符合施工方案及相关技术标准要求。

检查数量：全数检查。

检验方法：观察、检查施工记录。

⑥装配式结构吊装完毕后，装配式结构尺寸允许偏差应符合设计要求，并应符合表4.8

的规定。

检查数量:按楼层、结构缝或施工段划分检验批。在同一检验批内,对梁、柱,应抽查构件数量的 10%,且不少于 3 件;对墙和板,应按有代表性的自然间抽查 10%,且不少于 3 间;对大空间结构的,墙可按相邻轴线间的高度 5 m 左右划分检查面,板可按纵、横轴线划分检查面,抽查 10%,且均不少于 3 面。

表 4.8 装配式结构尺寸允许偏差及检验方法

项目			允许偏差/mm	检验方法
构件中心线对轴线位置	基础		15	尺量检查
	竖向构件(柱、墙、桁架)		10	
	水平构件(梁、板)		5	
构件标高	梁、柱、墙、板底面或顶面		±5	水准仪或尺量检查
构件垂直度	柱、墙	<5 m	5	经纬仪或全站仪量测
		≥5 m 且<10 m	10	
		≥10 m	20	
构件倾斜度	梁、桁架		5	垂线、钢尺量测
相邻构件平整度	板端面		5	钢尺、塞尺量测
	梁、板底面	抹灰	5	
		不抹灰	3	
	柱墙侧面	外露	5	
		不外露	10	
构件搁置长度	梁、板		±10	尺量检查
支座、支垫中心位置	板、梁、柱、墙、桁架		10	尺量检查
墙板接缝	宽度		±5	尺量检查
	中心线位置			

4.2.2 预制构件现浇连接质量检验与验收

1)一般规定

预制构件现浇连接质量检验与验收的一般规定如下:

①装配式结构的外观质量除设计有专门的规定外,尚应符合现行国家标准《混凝土结构工程施工质量验收规范》(GB 50204)中有关现浇混凝土结构的规定。

②构件连接部位后浇混凝土及灌浆料的强度达到设计要求后,方可拆除临时固定措施。

③在连接节点及叠合构件浇筑混凝土前,应进行隐蔽工程验收,其内容应包括:

a.现浇结构的混凝土结合面;

b.后浇混凝土处钢筋的牌号、规格、数量、位置、锚固长度等;

c.抗剪钢筋、预埋件、预留专业管线的数量、位置。

2）质量验收

①后浇混凝土强度应符合设计要求。

检查数量：按批检验，检验批应符合以下要求：

a.预制构件结合面疏松部分的混凝土应剔除并清理干净；

b.模板应保证后浇混凝土部分形状、尺寸和位置准确，并应防止漏浆；

c.在浇筑混凝土前应洒水润湿结合面，混凝土应振捣密实；

d.同一配合比的混凝土，每工作班且建筑面积不超过 1 000 m^2 应制作一组标准养护试件，同一楼层应制作不少于 3 组标准养护试件。

检验方法：按现行国家标准《混凝土强度检验评定标准》（GB/T 50107）的要求进行。

②承受内力的接头和拼缝，当其混凝土强度未达到设计要求时，不得吊装上一层结构构件，当设计无具体要求时，应在混凝土强度不小于 10 N/mm^2 或具有足够的支承时方可吊装上一层结构构件，已安装完毕的装配式结构应在混凝土强度到达设计要求后，方可承受全部设计荷载。

检查数量：全数检查。

检验方法：检查施工记录及试件强度试验报告。

4.2.3 预制构件机械连接质量检验与验收

1）一般规定

预制构件机械连接质量检验与验收的一般规定如下：

①纵向钢筋采用套筒灌浆连接时，接头应满足现行行业标准《钢筋机械连接技术规程》（JGJ 107）中Ⅰ级接头的要求，并应符合国家现行有关标准的规定。

②钢筋套筒灌浆连接接头采用的套筒应符合现行行业标准《钢筋连接用灌浆套筒》（JG/T 398）的规定。

③钢筋套筒灌浆连接接头采用的灌浆料应符合现行行业标准《钢筋连接用套筒灌浆料》（JG/T 408）的规定。

2）质量验收

①钢筋采用机械连接时，其接头质量应符合现行行业标准《钢筋机械连接技术规程》（JGJ 107）的要求。

检查数量：按现行行业标准《钢筋机械连接技术规程》（JGJ 107）的规定确定。

检验方法：检查钢筋机械连接施工记录及平行加工试件的强度试验报告。

②钢筋套筒灌浆连接及浆锚搭接连接的灌浆应密实饱满。

检查数量：全数检查。

检验方法：检查灌浆施工质量检查记录。

③钢筋套筒灌浆连接及浆锚搭接连接用的灌浆料强度应满足设计要求。

检查数量：按批检验，以每层为一个检验批；每工作班应制作一组且每层不应少于 3 组

40 mm×40 mm×160 mm 的长方体试件,标准养护 28 d 后进行抗压强度试验。

检验方法:检查灌浆料强度试验报告及评定记录。

④采用钢筋套筒灌浆连接的混凝土结构验收应符合现行国家标准《混凝土结构工程施工质量验收规范》(GB 50204)的有关规定,可划入装配式结构分项工程。

⑤灌浆套筒进厂(场)时,应抽取灌浆套筒检验外观质量、标识和尺寸偏差,检验结果应符合现行行业标准《钢筋连接用灌浆套筒》(JG/T 398)及《钢筋套筒灌浆连接应用技术规程》(JGJ 355)的有关规定。

检查数量:同一批号、同一类型、同一规格的灌浆套筒,不超过 1 000 个为一批,每批随机抽取 10 个灌浆套筒。

检验方法:观察,尺量检查。

⑥灌浆料进场时,应对灌浆料拌合物 30 min 流动度、泌水率及 3 d 抗压强度、28 d 抗压强度、3 h 竖向膨胀率、24 h 与 3 h 竖向膨胀率差值进行检验,检验结果应符合现行行业标准《钢筋套筒灌浆连接应用技术规程》(JGJ 355)的有关规定。

检查数量:同一成分、同一批号的灌浆料,不超过 50 t 为一批,每批按现行行业标准《钢筋连接用套筒灌浆料》(JG/T 408)的有关规定随机抽取灌浆料制作试件。

检验方法:检查质量证明文件和抽样检验报告。

⑦灌浆套筒进厂(场)时,应抽取灌浆套筒并采用与之匹配的灌浆料制作对中连接接头试件,并进行抗拉强度检验,检验结果均应符合现行行业标准《钢筋套筒灌浆连接应用技术规程》(JGJ 355)的有关规定。

检查数量:同一批号、同一类型、同一规格的灌浆套筒,不超过 1 000 个为一批,每批随机抽取 3 个灌浆套筒制作对中连接接头试件。

检验方法:检查质量证明文件和抽样检验报告。

4.2.4　预制构件接缝防水质量检验与验收

1)一般规定

装配式混凝土结构的墙板接缝防水施工质量是保证装配式外墙防水性能的关键,施工时应按设计要求进行选材和施工,并采取严格的检验验证措施。

2)质量验收

①预制构件外墙板连接板缝的防水止水条,其品种、规格、性能等应符合现行国家产品标准和设计要求。

检查数量:全数检查。

检验方法:检查产品的质量合格证明文件、检验报告和隐蔽验收记录。

②外墙板接缝的防水性能应符合设计要求。

检查数量:按批检验。每 1 000 m² 外墙面积应划分为一个检验批,不足 1 000 m² 时也应划分为一个检验批;每个检验批每 100 m² 应至少抽查一处,每处不得少于 10 m²。

检验方法:检查现场淋水试验报告。

现场淋水试验应满足下列要求:淋水流量不应小于 5 L/(m·min),淋水试验时间不应小于2 h,检测区域不应有遗漏部位,淋水试验结束后,检查背水面有无渗漏。

4.2.5 其他

装配式结构作为混凝土结构子分部工程的一个分项进行验收;装配式结构验收除应符合本章节规定外,尚应符合现行国家标准《混凝土结构工程施工质量验收规范》(GB 50204)的有关规定。

装配式混凝土结构验收时,除应按现行国家标准《混凝土结构工程施工质量验收规范》(GB 50204)的要求提供文件和记录外,尚应提供下列文件和记录:

①工程设计文件、预制构件制作和安装的深化设计图;

②预制构件、主要材料及配件的质量证明文件、进场验收记录、抽样复验报告;

③预制构件安装施工记录;

④钢筋套筒灌浆、浆锚搭接连接的施工检验记录;

⑤后浇混凝土部位的隐蔽工程检查验收文件;

⑥后浇混凝土、灌浆料、坐浆材料强度检测报告;

⑦外墙防水施工质量检验记录;

⑧装配式结构分项工程质量验收文件;

⑨装配式工程的重大质量问题的处理方案和验收记录;

⑩装配式工程的其他文件和记录。

复习思考题

1. 简述预制构件模板工程质量检验与验收要点。

2. 钢筋进场验收主要有哪些内容?

3. 简述钢筋丝头加工质量要求。

4. 简述预制构件制作时,混凝土工程质量检查的主要内容及一般要求。

5. 简述预埋件、预留洞口质量检验与验收要点。

6. 简述剪力墙底部接缝坐浆强度检查数量要求。

7. 简述预制构件现浇连接的混凝土强度检验要求。

8. 简述预制构件机械连接接头质量检验要求。

9. 简述装配式混凝土结构墙板接缝防水质量验收要求。

10. 装配式混凝土结构验收时,应提供哪些文件、记录资料呢?

第5章 装配式建筑施工安全管理

【本章内容】

本章简要介绍建筑施工安全管理的主要内容,重点介绍装配式施工安全管理的主要内容。

【本章重点】

装配式施工安全管理的主要内容。

【延伸与思考】

"安全"是重中之重,一定要坚持"预防为主,安全第一"的方针,从业人员在生产过程中务必具备安全意识、规范意识。

5.1 施工安全管理的主要内容

安全生产管理是一个系统性、综合性的管理,其管理的内容涉及建筑生产的各个环节。因此,建筑施工企业在安全管理中必须坚持"安全第一、预防为主、综合治理"的安全方针,制定安全政策、计划和措施,完善安全生产组织管理体系和检查体系,加强施工安全管理。

建筑施工安全管理的主要内容包括以下几个方面:

(1)制定安全政策

任何一个单位或机构要想成功地进行安全管理,必须有明确的安全政策。这种政策不仅要满足法律上的规定和道义上的责任,而且要最大限度地满足业主、雇员和全社会的要求。施工单位的安全政策必须有效并有明确的目标。政策的目标应保证现有的人力、物力资源的有效利用,并且减少发生经济损失和承担责任的风险。安全政策能够影响施工单位很多决定和行为,包括资源和信息的选择、产品的设计和施工以及现场废弃物的处理等。加强制度建设是确保安全政策顺利实施的前提。

(2)建立、健全安全管理组织体系

一项政策的实施,有赖于一个恰当的组织结构和系统去贯彻落实。仅有一项政策,没有相应的组织去贯彻、落实,政策仅是一纸空文。一定的组织结构和系统,是确保安全政策、安全目标顺利实现的前提。

(3)安全生产管理计划和实施

成功的施工单位能够有计划、系统地落实所制定的安全政策。计划和实施的目标是最大限度地减少施工过程中的事故损失。计划和实施的重点是使用风险管理的方法,确定清

除危险和规避风险的目标以及应采取的步骤和先后顺序,建立有关标准以规范各种操作。对必须采取的预防事故和规避风险的措施,应预先加以计划,要尽可能地通过对设备的精心选择和设计,消除或通过使用物理控制措施来减少风险。如果上述措施仍不能满足要求,就必须使用相应的工作设备和个人保护装备来控制风险。

(4)安全生产管理业绩考核

任何一个施工单位对安全生产管理成功与否,应由事先订立的评价标准进行测量,以发现何时何地需要改进哪方面的工作。施工单位应采用涉及一系列方法的自我监控技术,用于判断控制风险的措施成功与否,包括对硬件(设备、材料)和软件(人员、程序和系统),也包括对个人行为的检查进行评价,也可通过对事故及可能造成损失的事件的调查和分析,识别安全控制失败的原因。但无论是主动的评价还是对事故的调查,其目的都不仅仅是评价各种标准中所规定的行为本身,更重要的是找出存在于安全管理系统的设计和实施过程中存在的问题,以避免事故和损失。

(5)安全管理业绩总结

施工单位需要通过对过去的资料和数据进行系统的分析总结,并用于今后工作的参考,这是安全生产管理的重要工作环节。安全业绩良好的施工单位能通过企业内部的自我规范和约束以及与竞争对手的比较,不断持续改进。

5.2 装配式建筑安全管理

5.2.1 装配式建筑施工安全管理的特点

装配式建筑具有功能多样性的特点,致使其安全管理具有复杂性。随着装配式建筑施工环境、作业条件的变化,作业时使用的机械设备等均会有所变化,从而使施工安全风险发生变化,甚至产生新的危险源,对安全管理效果造成影响。

装配式建筑施工中虽然工序较传统现浇式建筑有所减少,但是各工序对施工人员的技术要求均有所上升,每项工序、每种操作设备都会因环境、进度等的变化而不同,从而导致各环节的安全管理具有独特性。

目前,根据我国的实际情况,在管理中存在多个问题,例如,构件运输、堆放不规范导致的管理难度加大,构件吊装风险较大,现场构件安装的临时支撑风险较大,预制外墙板防水难度大,构件拼装定位困难以及施工安全风险较大等。

5.2.2 装配式建筑施工安全管理的主要内容

1)施工人身安全管理

安全施工是建筑项目的基础,是项目具备经济效益和社会效益的重要保证,保障施工人员的人身安全是施工安全管理中的重要组成部分。首先要确保在施工过程中不会出现重大安全事故,包括管线事故、伤亡事故等。通过建立相应的安全检查组,可以有效保证施工现场的安全。在进行安全管理时,要考虑各个方面,例如,设备的规范操作与维护、吊装安全、用电安全、临边防护等。

2) 临时支撑布置安全管理

临时支撑在装配式建筑施工中主要是用来保证施工的结构,如各类支架等。在使用门式支架时,要对间距和数量进行精确计算,并由相关的工作人员对其进行检查审核,合格后向监理单位审批,审批通过后才能应用在施工过程中。在使用斜支撑对竖向构件进行固定时,应按规范要求设置,如图 5.1 所示。

图 5.1　剪力墙临时支撑设置

施工临时支架进场必须要进行验收。其目的是保证支架的壁厚和外观质量,在首次使用支架时,还应进行试压操作,明确支架的承重能力。

3) 预制构件运输安全管理

(1) 运输安全要求

①预制构件的运输线路应根据道路、桥梁的实际条件确定。场内运输宜设置循环线路。

②运输车辆应满足构件尺寸和载重要求。

③装卸构件时应考虑车体平衡,避免造成车体倾覆。

④应采取防止构件移动或倾倒的绑扎固定措施。

⑤运输细长构件时应根据需要设置水平支架。

⑥对构件边角部或链索接触处的混凝土,宜采用垫衬加以保护。

⑦重物吊运需要保持平衡,应尽可能地避免振动和摇摆,作业人员应选择合适的上风位置及随物护送的路线,注意招呼逗留人员和车辆避让。

⑧重物运输时应摆放均衡,防止偏载,堆码摆入时要捆绑牢固,必要时点焊固定,做好防倒塌、滑动的安全措施。

(2) 运输安全准备工作

①制订运输方案:根据运输构件的实际情况需要、装卸车现场及运输道路的情况,施工单位要根据起重机械、运输车辆的条件等因素综合考虑,最终选定运输方法、起重机械(装卸

构件用)和运输车辆。

②设计制作运输架:根据构件的重量和外形尺寸进行设计制作,且尽量考虑运输架的通用性。

③验算构件强度:对钢筋混凝土屋架和钢筋混凝土柱子等构件,根据运输方案所确定的条件,验算构件在最不利截面处的抗裂度,避免在运输中出现裂缝。如有出现裂缝的可能,应进行加固处理。

④检查构件:检查构件的型号、质量和数量,有无加盖合格印章和出厂合格证书等。

⑤查看运输路线:组织有司机参加的有关人员查看道路情况,沿途上空有无障碍物、公路桥的允许负荷量、通过的涵洞净空尺寸等。如不能满足车辆顺利通行,应及时采取措施。此外,应注意沿途是否横穿铁道,如有应查清火车通过道口的时间,以免发生交通事故。

⑥和交通部门沟通:向交管部门询问道路状况,获取通行线路、时间段的信息。

预制构件运输,如图5.2所示。

图5.2 预制构件运输

4)预制构件堆放安全管理

施工现场中存在大量构件,必须对构件进行良好的管理,提高监督力度,根据构件的要求进行摆放。可以开发一套针对构件的管理软件,对各个部分的构件进行跟踪管理。当材料进入施工现场后,要根据不同的类型对其进行编号,并记录在册。

各个构件的摆放区域要和施工计划相搭配。预制装配式材料在摆放时,不能直接与地面接触,要放在木头和一些材质较软的材料上。

(1)预制构件堆场安全要求

预制构件堆场应符合下列安全要求:

①预制构件应设置专用堆场,并满足总平面布置要求。

②使用各式起重设备必须满足相关的法规、标准要求。

③预制构件堆场的选址应综合考虑垂直运输设备起吊半径、施工便道布置及卸货车辆停靠位置等因素,便于运输和吊装,避免交叉作业。

④预制构件堆场用电设备和电线电缆布置必须符合相关的法规、标准要求。

（2）预制构件堆放安全管理

①应根据预制构件的类型选择合适的堆放方式及规定堆放层数,同时构件之间应设置可靠的垫块。

②使用货架堆置,货架应进行力学计算并满足承载力要求。

③堆场应硬化平整、整洁无污染、排水良好。

④构件堆放区应设置隔离围栏,按品种、规格、吊装顺序分别设置堆垛。

⑤其他建筑材料、设备不得混合堆放,防止搬运时相互影响造成伤害事故。

预制构件现场堆放,如图 5.3 所示。

图 5.3　预制构件现场堆放

5）构件吊装安全管理

受 PC 构件质量大、应力状态变化多、高空作业多等因素的影响,在进行吊装时,必须根据施工现场的实际情况制定相应的安全管理措施。另外,工作人员应对设备的有效期进行检验,对塔吊设备严格按照规范进行操作。

装配式构件吊装,如图 5.4 所示。

图 5.4　装配式构件吊装

（1）起吊作业人员及场地要求

特种作业人员必须经过专门的安全培训,经考核合格,持特种作业操作资格证书上岗。特种作业人员应按规定进行体检和复审。

起重吊装作业前,应根据施工组织设计要求划定危险作业区域,设置醒目的警示标志,防止无关人员进入。还应视现场作业环境专门设置监护人员,防止高处作业或交叉作业时造成落物伤人事故。

(2)起重设备

起重机械按施工方案要求选型,运到现场重新组装后,应进行试运转实验和验收,确认符合要求并记录、签字。起重机经检验后可以持续使用并应持有市级有关部门定期核发的准用证。

须经检查确认的安全装置包括超高限位器、力矩限制器、臂杆幅度指示器及吊钩保险装置且均符合要求。当该机说明书中尚有其他安全装置时应按说明书规定进行检查。

起重机要做到"十不吊",即:

①超载或被吊物质量不清不吊;

②被吊物上有人或浮置物时不吊;

③工作场地昏暗,无法看清场地、被吊物和指挥信号时不吊;

④歪拉斜吊重物时不吊;

⑤指挥信号不明确不吊;

⑥被吊物棱角处与捆绑钢绳间未加衬垫时不吊;

⑦遇有拉力不清的埋置物件时不吊;

⑧容器内装的物品过满时不吊;

⑨捆绑、吊挂不牢或不平衡,可能引起滑动时不吊;

⑩结构或零部件有影响安全工作的缺陷或损伤时不吊。

汽车式起重机进行吊装作业时,行走用的驾驶室内不得有人,吊物不得超越驾驶室上方,并严禁带载行驶。

双机抬吊时,要根据起重机的起重能力进行合理的负载分配,操作时要统一指挥,互相密切配合。在整个起吊过程中,两台起重机的吊滑车均应基本保持垂直状态。

(3)吊装中的安全注意事项

吊装安全注意事项:

①安装作业前,应对安装作业区进行围护并做出明显的标识,拉警戒线,根据危险源级别安排旁站;

②施工作业使用的专用吊具、吊索、定型工具式支撑、支架等,应进行安全验算,使用中进行定期、不定期检查,确保其安全状态;

③预制构件起吊后,应先将构件提升300 mm左右后停稳构件,检查钢丝绳、吊具和预制构件状态,确认吊具安全且构件平稳后,方可缓慢提升构件;

④吊运预制构件时,构件下方严禁站人,应待预制构件降落至距地面1 m以内方准作业人员靠近,就位固定后方可脱钩;

⑤高空应通过缆风绳改变预制构件方向,严禁高空直接用手扶预制构件;

⑥遇到雨、雪、雾天气,或者风力大于6级时,不得进行吊装作业。

6）临边及高空作业安全管理

相关调查统计数据结果显示，在装配式建筑施工中，有 25% ～30% 的可能发生高空临边坠落风险。对于装配式框架结构施工而言，为了凸显装配式建筑的特点——不搭设外架，于是高处作业及临边作业的安全隐患变得尤为突显，如图 5.5 所示。

为了防止登高作业事故和临边作业事故的发生，可在临边搭设定型化工具式防护栏杆或采用外挂脚手架（图 5.6），其架体由三角形钢牛腿、水平操作钢平台及立面钢防护网组成。

图 5.5　装配式建筑外围防护现场　　　　图 5.6　外挂脚手架

攀登作业所使用的设施和用具结构构造应牢固可靠，使用梯子必须注意，单梯不得垫高使用，不得双人在梯子上作业，在通道处使用梯子设置专人监控，安装外墙板使用梯子时必须系好安全带，正确使用防坠器。

重物坠落也是比较常见的安全事故，如预制构配件吊装时，若混凝土强度不够，可能会被碰坏，这样大块的混凝土便会从高空坠落，容易砸伤地面施工人员。

对于装配式框架结构尤其是钢框架结构的施工而言，工人个体高处作业的坠落隐患凸显。除了加强发放安全带、安全绳、防高坠安全教育培训、监管等措施外，还可通过设置安全母索和防坠安全平网的方式对高坠事故进行主动防御。

7）预制外墙板防水施工安全管理

在进行施工时，要合理设置防水节点，在拼缝处设置两道防水屏障，包括外侧防水和内侧防水。并在每 4 块墙板的十字接头处增加聚氨酯防水嵌缝，同时对墙板的构造进行一定的优化，设置相应的排水措施，保证墙板的防水防渗达到规范要求，如图 5.7 所示。

由于外墙防水施工属于高空作业，为保证防水施工安全顺利进行及打胶操作人员的人身安全，施工过程中应注意以下内容：

①打胶施工人员必须经过专门培训，经过安全生产管理局考试合格后配发高空作业上岗证。

②凡患有高血压、低血压、心脏病、癫痫病、晕高症等不适应高空作业者，不能进行高空打胶施工作业。

③打胶施工前必须检查所用绳子是否有磨损、断股，滑板是否可靠，安全锁是否正常，绳

图 5.7　外墙防水打胶施工

子绑扎是否紧固。

④在施工部位甩绳时，必须将主绳和安全绳甩到地面，严禁将绳子甩在半空中进行打胶施工。

⑤将主绳和安全绳甩到地面后，另一端绑扎在屋面牢固物体上，且要在对绳子易造成磨损位置加设胶垫等物品进行保护，并要派专人进行看护。

⑥在打胶施工区域下方，拉设警戒线、挂警示牌，派专人进行看护，严防无关人员进入施工区域。

⑦打胶施工中所使用的工具（胶枪、刮刀、毛刷等）、材料（密封胶、美纹纸、泡沫棒等），必须拴绳、装袋，系在可靠位置或背在身上，以防高空坠落。

⑧打胶施工时，施工人员必须戴好安全帽，系挂好安全带，安全带要高挂低用，挂在安全锁上，安全帽要系好帽扣。

⑨打胶施工时，每组施工班组施工必须要有主绳和安全绳，严禁不使用或不配备安全绳进行打胶作业施工。

⑩打胶人员在操作过程中，要时刻谨慎、注意力集中，要随时注意作业行程空间内有无障碍物或对绳子造成磨损、切割的其他锋利物体。

⑪在移动作业面下滑时，要缓慢滑行，严禁左右摆动急剧下滑或做其他危险性动作。

⑫作业时施工人员严禁在高空嬉戏、打闹，严禁站在滑板上进行施工作业。

⑬在施工作业中使用的美纹纸、泡沫棒及剩下的胶皮，严禁在高空乱扔，必须存放在随身携带的箱袋中，下到地面后统一送到垃圾箱。

⑭顶层及首层看护人员，在打胶操作人员未下到地面前，要坚守岗位，随时观察主绳和安全绳的牢固可靠性。地面看护人员要严防无关人员进入打胶区域内，严禁私自离岗。

5.3　常见安全事故类型及其原因

5.3.1　建筑安全生产事故分类

1）按事故的原因及性质分类

从建筑活动的特点及事故的原因和性质来看，建筑安全事故可分为四类，即生产事故、质量问题、技术事故和环境事故。

（1）生产事故

生产事故主要是指在建筑产品的生产、维修、拆除过程中，操作人员违反有关施工操作规程等而直接导致的安全事故。这种事故一般出现在施工作业过程中，事故发生的次数比较频繁,是建筑安全事故的主要类型之一。目前,我国对建筑安全生产的管理主要是针对避免发生生产事故。

(2)质量问题

质量问题主要是指由设计不符合规范或施工达不到要求等原因而导致建筑结构实体或使用功能存在瑕疵,进而引起安全事故的发生。在设计不符合规范标准方面,主要是一些没有相应资质的单位或个人私自出图和设计本身存在安全隐患。在施工达不到设计要求方面,一是施工过程违反有关操作规程留下的隐患;二是由有关施工主体偷工减料的行为而导致的安全隐患。质量问题可能发生在施工作业过程中,也可能发生在建筑实体的使用过程中。特别是在建筑实体的使用过程中,质量问题带来的危害是极其严重的,如果在外加灾害(如地震、火灾)发生的情况下,其危害后果是不堪设想的。质量问题也是建筑安全事故的主要类型之一。

(3)技术事故

技术事故主要是指由工程技术原因而导致的安全事故,技术事故的结果通常是毁灭性的。技术是安全的保证,曾被确信无疑的技术可能会在突然之间出现问题,起初微不足道的瑕疵可能导致灾难性的后果,很多时候正是由于一些不经意的技术失误导致严重的事故。在工程技术领域,人类历史上曾发生过多次技术灾难,包括人类和平利用核能过程中的俄罗斯切尔诺贝利核事故、美国宇航史上最严重的一次事故——"挑战者"号爆炸事故等。在工程建设领域,这方面惨痛失败的教训同样是非常深刻的,如 1981 年 7 月 17 日美国密苏里州发生的海厄特摄政通道垮塌事故。技术事故可能发生在施工生产阶段,也可能发生在使用阶段。

(4)环境事故

环境事故主要是指建筑实体在施工或使用过程中,由使用环境或周边环境导致的安全事故。使用环境原因主要是对建筑实体的使用不当,比如荷载超标、静荷载设计而动荷载使用以及使用高污染建筑材料或放射性材料等。对使用高污染建筑材料或放射性材料的建筑物,一是给施工人员造成职业病危害,二是对使用者的身体带来伤害。周边环境原因主要是一些自然灾害方面的,如山体滑坡等。在一些地质灾害频发的地区,应特别注意环境事故的发生。环境事故的发生,往往归咎于自然灾害,其实是缺乏对环境事故的预判和防治能力。

2)按事故类别分类

按事故类别分,建筑业相关职业伤害事故可分为 12 类,即机械伤害、触电、坍塌、物体打击、高处坠落、中毒和窒息、其他伤害、车辆伤害、爆炸、灼烫、起重伤害、火灾。

3)按事故严重程度分类

按事故严重程度分,可分为轻伤事故、重伤事故和死亡事故三大类。

伤亡事故是指职工在劳动过程中发生的人身伤害、急性中毒事故,即职工在本岗位劳动,或虽不在本岗位劳动,但由于企业的设备和设施不安全、劳动条件和作业环境不良、管理不善,以及企业领导指派到企业外从事本企业活动,所发生的人身伤害(即轻伤、重伤、死亡)和急性中毒事件。当前伤亡事故统计中除职工以外,还应包括企业雇佣的农民工、临时工等。

建筑施工企业的伤亡事故,是指在建筑施工过程中,由危险有害因素的影响而造成的工伤、中毒、爆炸、触电等,或由各种原因造成的各类伤害。

按国务院 2007 年 4 月 9 日发布的《生产安全事故报告和调查处理条例》(国务院令第493 号),根据生产安全事故(以下简称"事故")造成的人员伤亡或者直接经济损失,把事故分为以下几个等级:

①特大事故,是指造成 30 人以上死亡,或者 100 人以上重伤(包括急性工业中毒,下同),或者 1 亿元以上直接经济损失的事故;

②重大事故,是指造成 10 人以上 30 人以下死亡,或者 50 人以上 100 人以下重伤,或者5 000 万元以上 1 亿元以下直接经济损失的事故;

③较大事故,是指造成 3 人以上 10 人以下死亡,或者 10 人以上 50 人以下重伤,或者1 000 万元以上 5 000 万元以下直接经济损失的事故;

④一般事故,是指造成 3 人以下死亡,或者 10 人以下重伤,或者 1 000 万以下直接经济损失的事故。

注:条例中所称的"以上"包括本数,所称的"以下"不包括本数。

根据对全国伤亡事故的调查统计分析,建筑业伤亡事故率仅次于矿山行业。其中,高处坠落、物体打击、机械伤害、触电、坍塌事故,是建筑业最常发生的 5 种事故,近年来,已占到事故总数的 80% ~90% 以上,应重点加以防范。

5.3.2　常见安全事故原因分析

1)人的不安全因素

人的不安全因素可分为个人的不安全因素和人的不安全行为两大类。

(1)个人的不安全因素

①心理上的不安全因素,是指人在心理上具有影响安全的性格、气质和情绪,如懒散、粗心等。

②生理上的不安全因素,包括视觉、听觉等感觉器官,体能、年龄及疾病等不适合工作或作业岗位要求的影响因素。

③能力上的不安全因素,包括知识技能、应变能力、资格等不能适应工作和作业岗位要求的影响因素。

(2)人的不安全行为在施工现场的类型

①操作失误,忽视安全、忽视警告;

②造成安全装置失效;

③使用不安全设备;

④手代替工具操作;

⑤物体存放不当;

⑥冒险进入危险场所;

⑦攀坐不安全位置；

⑧在起吊物下作业、停留；

⑨在机器运转时进行检查、维修、保养等工作；

⑩有分散注意力行为；

⑪没有正确使用个人防护用品、用具；

⑫不安全装束；

⑬对易燃易爆等危险物品处理错误。

2) 物的不安全状态

物的不安全状态主要包括：

①防护等装置缺乏或有缺陷；

②设备、设施、工具、附件有缺陷；

③个人防护用品缺少或有缺陷；

④施工生产场地环境不良——现场布置杂乱无序、视线不畅、沟渠纵横、交通阻塞、材料工具乱堆乱放，机械无防护装置、电器无漏电保护，粉尘飞扬、噪声刺耳等使劳动者生理、心理难以承受，则必然诱发安全事故。

3) 管理上的不安全因素

管理上的不安全因素也称为管理上的缺陷，主要包括对物的管理失误，包括技术、设计、结构上有缺陷，作业现场环境有缺陷，防护用品有缺陷等。

对人的管理失误，包括教育、培训、指示和对作业人员的安排等方面的缺陷。

管理工作的失误，包括对作业程序、操作规程、工艺过程的管理失误以及对采购、安全监控、事故防范措施的管理失误。

复习思考题

1. 什么是建筑施工安全管理？

2. 吊装工程安全隐患应如何防范？

3. 高处作业的安全防范措施有哪些？

4. 塔吊的安全控制要点是什么？

5. 建筑安全生产事故有哪些类型？

附录 装配式 PC 构件制作与安装实操训练

实训项目一	桁架钢筋叠合板预制底板生产实训

桁架钢筋叠合板预制底板生产实训任务书

项目名称		桁架钢筋叠合板预制底板生产实训				
适用专业		实施学期	第　学期	总学时		
项目类型	实训操作	项目性质	操作	考核形式	考查	

一、实训任务

　　依据国家、行业相关规范、标准、图集和桁架钢筋叠合板底板设计加工图(模板图、配筋图),学生分组完成桁架钢筋叠合板底板的制作及质量检验,具体任务如下:

　　1. 完成准备工作。

　　2. 完成模具组装、矫正。

　　3. 完成钢筋绑扎、矫正。

　　4. 完成预留预埋件安装。

　　5. 完成构件制作各工序的质量检验。

　　6. 完成工完料清操作。

二、物料清单(每组用量)

分类	序号	名称	规格型号	单位	数量	备注
劳保用品	1	安全帽		个	5	
	2	手套		双	5	
	3	安全马甲		套	5	
技术准备	4	桁架钢筋叠合板底板设计加工图	待定	套	1	

分类	序号	名称	规格型号	单位	数量	备注
模具	5	固定模台及角钢模具	1. 固定模台 ①材质:碳钢模台,采用 Q345 材质整板铺面,台面钢板厚 10 mm; ②模台尺寸:一般为 4 mm×12 mm; ③平整度:表面平整度在任意 3 000 mm 长度内±1.5 mm; ④模台的单位面积承载力为 650 kg/m²; ⑤可在模台上进行不同种类构件模具的组装、矫正,钢筋的绑扎等构件生产工艺操作。本模台材质与实际工厂模台一致 2. 角钢模具 根据图纸要求统一提供构件制作所需模具和相应干扰模具	套	1	模具固定采用固定螺栓和瓷盒相结合的方式
	6	配件	瓷盒、撬棍、螺栓、电动扳手	套	1	
材料	7	钢筋	钢筋按设计加工,每个品种有 10% 的余量	套	1	
	8	预埋件及配件	按图纸准备相应预埋件,每个品种有 2 个余量,混杂其他不在图纸内预埋件若干瓷座、PVC 套管固定器	套	1	
	9	脱模剂		桶	1	
	10	保护层垫块	按图纸准备,有 10% 的余量	套	若干	
	11	扎丝		捆	若干	
设备机具	12	钢筋绑扎工具	扎钩	个	若干	
	13	喷涂工具	压力喷壶、滚筒、刷子、抹布	套	1	
	14	清扫工具	扫帚、簸箕、拖把	套	1	
	15	检测、测量工具	钢卷尺、游标卡尺、靠尺、塞尺、角尺	套	1	
	16	封堵工具	胶塞	个	若干	

三、实训目的

　　1. 反复进行构件制作实操训练,提高训练效率、利用率,减少成本消耗;

续表

2. 培养学生的岗前准备和工完料清的工作习惯;	
3. 培养学生掌握构件制作岗位的实操技能;	
4. 增加学生现场实操体验;	
5. 培养学生团队交流协作的能力;	
6. 培养学生从事职业活动所需的工作方法和学习方法的能力;	
7. 培养学生良好的职业道德操守和行为规范。	

四、实训要求

1. 穿实训服,戴安全帽;

2. 作业过程必须戴防护手套,使用电动机械由专人负责;

3. 构件制作所用的钢筋已按图纸下料;

4. 实训前自行分组,每组人数约5人,并选出组长,分配好每个人的工作任务;

5. 验收工作实行"三检"制度:组内自检、组间互检、指导教师专检;

6. 验收后,各组负责后续的拆除、清理工作,指导教师检查确认后方可离场。

五、实训建议

1. 人员分配:每组5人左右;

2. 时间分配:每组45 min。

六、附录

附录 A:材料清单(学员用表)

附表 A.1 钢筋明细表

附表 A.2 模具明细表

附表 A.3 预留预埋件明细表

附录 B:质量检查验收(学员用表)

附表 B.1 模具组装检查验收表

附表 B.2 钢筋安装检查验收表

附表 B.3 预留预埋件检查验收表

附录 C:成绩评定(教师用表)

附录 D:桁架钢筋叠合板预制底板设计加工图

附录 A:材料清单(学员用表,见附表 A.1—附表 A.3)

附表 A.1　钢筋明细表

构件类型	钢筋类型	钢筋编号	钢筋规格	钢筋尺寸	备注(位置)
桁架钢筋叠合板底板	板底钢筋	①			
		②			
		③			
	钢筋桁架	④			
	加强筋	⑤			

附表 A.2 模具明细表

编号	名称	数量、尺寸	备注
①	端边模(铸铁)		
②	侧边模(铸铁)		

附表 A.3 预留预埋件明细表

编号	名称	规格、数量	备注(用途)
①	预埋线盒(金属)		穿线
②	预埋线盒(塑料)		穿线
③	预埋套管		预留圆孔

附录 B：质量检查验收(学员用表，见附表 B.1—附表 B.3)

附表 B.1 模具组装检查验收表

构件编号：　　　　　　　　　　　　　　检查日期：

检查项目	设计值	允许偏差/mm	实测值	判定
长、宽、厚度		(5,−3)		
对角线误差		(3,0)		
侧板高差		(3,0)		
拼模缝隙		(3,0)		
模具选型				
模具固定				

检查结果：

质检员：
年　　月　　日

注:综合考虑设备和模具匹配精度问题,建议适当放大允许误差范围 2~3 倍,但构件实际生产过程允许误差范围严格按照国家标准执行。

附表 B.2　钢筋安装检查验收表

构件编号：　　　　　　　　　　　　　　　　检查日期：

检查项目	允许偏差/mm	实测值	判定
钢筋间距	(10,-10)		
钢筋外伸长度	(10,0)		
钢筋型号、数量			
钢筋绑扎情况			
检查结果： 质检员： 年　　月　　日			

注：综合考虑设备和模具匹配精度问题，建议适当放大允许误差范围 2~3 倍，但构件实际生产过程中允许误差范围严格按照国家标准执行。

附表 B.3　预留预埋件检查验收表

构件编号：　　　　　　　　　　　　　　　　检查日期：

检查项目	允许偏差/mm	实测值	判定
预埋线盒安装位置	(10,-10)		
预埋 PVC 套管安装位置	(10,-10)		
预埋件选型、数量			
预埋件安装牢固、无松动			
检查结果： 质检员： 年　　月　　日			

注：综合考虑设备和模具匹配精度问题，建议适当放大允许误差范围 2~3 倍，但构件实际生产过程允许误差范围严格按照国家标准执行。

附录 C：评分表（教师用表）

实操组号：　　　　　　　　　实操人数：　　　　　　　　　实操时间：

实操项	实操内容（工艺流程+质量控制+组织能力+生产安全）		评分标准	满分/分	实得分/分	备注
一、施工准备（20 分）	劳保用品准备	佩戴安全帽	①内衬圆周大小调节到头部稍有约束感为宜②系好下颚带，下颚带应紧贴下颚，松紧以下颚有约束感，但不难受为宜。均满足要求可得满分，否则 0 分	2		
		穿戴劳保工装、防护手套	①劳保工装做到"统一、整齐、整洁"，并做到"三紧"，即领口紧、袖口紧、下摆紧，严禁卷袖口、卷裤腿等现象②必须正确穿戴手套，方可进行实操考核。均满足要求可得满分，否则 0 分	2		
	领取工具	根据生产工艺选择全部工具	根据生产工艺选择全部工具。所选工具均满足实操要求可得满分。如后期操作发现缺少工具，可回到此项扣分，任漏选一项扣一分，最多扣 3 分	3		
	领取模具	根据图纸进行模具选型	根据模板图，借助钢卷尺进行模具选型。所选模具均正确得满分，否则 0 分	3		
		模具清理	使用抹布等工具对模具进行清理，模具拼缝处均需清理干净，保证模具组装后的尺寸。均满足要求可得满分，否则 0 分	1		
	领取钢筋	依据图纸进行钢筋选型（规格、加工尺寸、数量）	根据底板配筋表，借助钢卷尺、游标卡尺进行钢筋选型（规格、加工尺寸、数量）。均满足要求可得满分，否则 0 分	2		
		钢筋清理	使用抹布对领取的钢筋进行清理。均满足要求可得满分，否则 0 分	1		
	领取预埋件及配件	根据预埋配件明细表进行埋件选型（线盒、PVC 排水套管等）及数量确定	正确进行预埋件及配件选型（线盒、PVC 排水套管等）。均满足要求可得满分，否则 0 分	2		
	领取辅材	根据图纸进行辅材选型（扎丝、垫块、胶塞等）及数量确定	根据图纸进行辅材选型（扎丝、垫块、胶塞等）及数量确定。均满足要求可得满分，否则 0 分	2		
	卫生检查及模台清理	生产场地卫生检查及清扫	对生产场地卫生进行检查，并使用扫帚规范清理场地。均满足要求可得满分，否则 0 分	1		
		模台清理	使用扫帚、喷水壶、拖把等规范清理模台。均满足要求可得满分，否则 0 分	1		

续表

实操项	实操内容 （工艺流程+质量控制+组织能力+生产安全）		评分标准	满分/分	实得分/分	备注
二、模具组装工艺流程（30分）	模台画线		根据构件模板图尺寸信息,使用(钢卷尺、角尺、铅笔、墨盒),规范画线。均满足要求可得满分,否则0分	4		
	模具摆放		依据模台画线位置正确进行模具摆放。均满足要求可得满分,否则0分	3		
	模具初固定		正确使用工具(扳手、螺栓),相邻模具初固定,板固定端直接终固定。均满足要求可得满分,否则0分	4		
	模具测量校正		使用钢卷尺、塞尺、钢直尺、橡胶锤等,检测模具组装长度、宽度、高(厚)度、对角线、组装缝隙、模具间高低等是否符合要求,若超出误差范围则用橡胶锤进行位置调整。均满足要求可得满分,否则0分	5		
	模具终固定		使用工具(橡胶锤、磁盒、扳手),依次终固定螺栓和瓷盒。均满足要求可得满分,否则0分	3		
	模台、模具涂刷脱模剂		使用压力喷壶、滚筒进行模台、模具脱模剂的涂刷,边模、模台的所有混凝土接触面均应涂刷脱模剂,涂抹均匀、不漏涂。均满足要求可得满分,否则0分	3		
	质量控制	模具选型	模具选型合理、数量准确	1		
		模具固定标准	瓷盒固定牢固、无松动	1		
		模具组装标准	长度误差范围 (5 mm,-3 mm)	根据测量数据判断是否符合模具组装标准,在误差范围之内得满分,否则不得分。(综合考虑设备和模具匹配精度问题,建议适当放大允许误差范围2~3倍,但构件实际生产过程允许误差范围严格按照国家标准执行)	1		
			宽、厚度误差范围 (5 mm,-3 mm)		1		
			对角线差误差范围 (3 mm,0 mm)		1		
			端模与侧模高低差 (3 mm,0 mm)		1		
			组模缝隙 (3 mm,0 mm)		1		

实操项	实操内容 (工艺流程+质量控制+组织能力+生产安全)		评分标准	满分/分	实得分/分	备注
三、钢筋绑扎工艺流程(22分)	横向钢筋摆放		按照图纸中钢筋位置和钢筋类型摆放。满足要求可得满分,否则不得分	2		
	纵向钢筋摆放		按照图纸中钢筋位置和钢筋类型摆放。满足要求可得满分,否则不得分	2		
	附加钢筋(桁架钢筋、吊点加强筋)摆放		按照图纸中钢筋位置和钢筋类型摆放。满足要求可得满分,否则不得分	1		
	钢筋绑扎		检查、调整完钢筋的位置、外伸长度后绑扎钢筋。使用扎钩、钢卷尺、扎丝等,按照角部、边部、中部的顺序绑扎,规范要求四边满扎,中间采用梅花状方式跳扎,绑扎时应注意相邻绑扎点的丝扣要呈八字形,以防钢筋网片歪斜变形。均满足要求可得满分,否则0分	5		
	放置垫块		按梅花状,每间隔500 mm放置一个垫块,且满足钢筋限位及控制变形的要求。均满足要求可得满分,否则0分	3		
	模具开孔封堵		使用叠合板专用胶塞封堵外伸钢筋与缺口之间的空隙,防止漏浆。均满足要求可得满分,否则0分	2		
	钢筋摆放绑扎质量控制	钢筋型号及数量是否正确	须指定专人负责钢筋摆放绑扎质量控制,在误差范围内得满分,否则不得分。(综合考虑设备和模具匹配精度问题,建议适当放大允许误差范围约2倍,但构件实际生产过程中允许误差范围严格按照国家标准执行)	2		
		钢筋绑扎处是否牢固		2		
		钢筋间距误差范围(10 mm,−10 mm)		1		
		外伸钢筋长度误差范围(10 mm,0 mm)		2		

续表

实操项	实操内容 （工艺流程+质量控制+ 组织能力+生产安全）		评分标准	满分 /分	实得分 /分	备注
四、预埋件安装工艺流程（9分）	埋件摆放		以边模内边缘线为基准线，根据模板图中预埋件[预埋线盒（瓷座）、预埋套管、预埋泡沫板]的定位尺寸，用钢卷尺确定预埋件的中心点位置并做好标记。注意两个方向要多次校核，确保预埋线盒位置准确。均满足要求可得满分，否则0分	3		
	埋件固定		正确使用扳手、扎钩（如有）、扎丝（如有）、措施钢筋（如有）、瓷座（如有）固定埋件。均满足要求可得满分，否则0分	3		
	埋件安装质量控制	埋件选型合理、数量准确	须指定专人负责钢埋件安装质量控制，在误差范围内得满分，否则不得分。根据测量数据判断是否符合模具组装标准，在误差范围内得满分，否则不得分。（综合考虑设备和模具匹配精度问题，建议适当放大允许误差范围2~3倍，但构件实际生产过程允许误差范围严格按照国家标准执行）	1		
		安装牢固、无松动		1		
		−10 mm≤安装位置≤10 mm		1		
五、工完料清工艺流程（9分）	拆解复位考核设备	拆解并复位埋件	使用扳手，依据先装后拆的原则拆除埋件，并将埋件放置原位。均满足要求可得满分，否则0分	2		
		拆解并复位钢筋	使用钢丝钳，依据先装后拆的原则拆除钢筋，并将钢筋放置原位。均满足要求可得满分，否则0分	2		
		拆解并复位模具	使用扳手、撬棍，依据先装后拆的原则拆除瓷盒、螺栓，并将模具、瓷盒等放置原位。均满足要求可得满分，否则0分	2		
	工具入库		清点工具并放置原位。如需保养交给工作人员处理。均满足要求可得满分，否则0分	1		
	材料回收		回收可再利用材料，放置原位，分类明确，摆放整齐。均满足要求可得满分，否则0分	1		
	场地清理		使用扫帚清理模台和地面，不得有垃圾（扎丝），清理完毕后归还清理工具。均满足要求可得满分，否则0分	1		

实操项	实操内容 （工艺流程+质量控制+ 组织能力+生产安全）	评分标准	满分/分	实得分/分	备注
六、组织协调（10分）	指令明确	根据指令明确程度、口齿清晰洪亮程度，在0~5分区间灵活得分	5		
	分工合理	根据分工是否合理、有无人员窝工或分工不均情况等，在0~5分区间灵活得分	5		
七、安全生产	生产过程中严格按照安全文明生产规定操作，无恶意损坏工具、原材料且无因操作失误造成实训人员伤害等行为	出现危险操作时，其余成员未制止或不听工作人员指令自行操作等违反安全文明生产规定行为，以及不遵守考试纪律等严重违纪行为。 出现违纪行为即终止本项实训，该项目成绩记0分	合格/不合格		
总分/分	100	终得分/分			
教师签字		组员签字			

桁架钢筋叠合板底板生产实训指导书

桁架钢筋叠合板底板制作

准备工作
1.劳保用品准备
2.领取工具
3.领取模具
4领取钢筋
5.领取预埋件及配件
6.领取辅材
7.卫生检查及模台清理

模具组装
1.模台画线
2.模具摆放
3.模具初固定
4.模具测量校正
5.模具终固定
6.模台、模具涂刷脱模剂
7.质量控制

钢丝绑扎
1.钢筋摆放
2.钢筋绑扎
3.放置垫块
4.模具开孔封堵
5.质量控制

预埋件安装
1.预埋件定位、摆放
2.预埋件固定
3.质量控制

工完料清
1.拆解并复位埋件
2.拆解并复位钢筋
3.拆解并复位模具
4.工具入库
5.材料回收
6.场地清理

一、准备工作

1. 劳保用品准备

（1）佩戴安全帽

内衬圆周大小调节到头部稍有约束感为宜。

系好下颚带，下颚带应紧贴下颚，松紧以下颚有约束感，但不难受为宜。

（2）穿戴劳保工装、防护手套

劳保工装做到"统一、整齐、整洁"，并做到"三紧"，即领口紧、袖口紧、下摆紧，严禁卷袖口、卷裤腿等现象。

必须正确穿戴手套，方可进行实操考核。

2. 领取工具

根据生产工艺选择全部工具。

3. 领取模具

①根据模板图，借助钢卷尺进行模具选型。

②使用抹布等工具对模具进行清理，模具拼缝处均需清理干净，保证模具组装后的尺寸。

4. 领取钢筋

①根据底板配筋表，借助钢卷尺、游标卡尺进行钢筋选型（规格、加工尺寸、数量）。

②使用抹布对领取的钢筋进行清理。

5. 领取预埋件及配件

根据预理配件明细表进行埋件选型（线盒、PVC 排水套管等）及数量确定。

6. 领取辅材

根据图纸进行辅材选型（扎丝、垫块、胶塞等）及数量确定。

7. 卫生检查及模台清理

①对生产场地卫生进行检查，并使用扫帚规范清理场地。

②使用扫帚、喷水壶、拖把等规范清理模台。

二、模具组装

1. 模台画线

根据构件模板图尺寸信息，使用（钢卷尺、角尺、铅笔、墨盒），规范画线。

2. 模具摆放

根据模台画线位置正确进行模具摆放。

3. 模具初固定

使用工具（扳手、螺栓），相邻模具初固定。

4. 模具测量校正

使用钢卷尺、塞尺、钢直尺、橡胶锤等，检测模具组装长度、宽度、高（厚）度、对角线、组装缝隙、模具间高低等是否符合要求,若超出误差范围则用橡胶锤进行位置调整。

5. 模具终固定

①使用工具(橡胶锤、磁盒、扳手),依次终固定螺栓和磁盒。

②磁盒间距控制在 800～1 000 mm,可根据实际情况调整。

6. 模台、模具涂刷脱模剂

①使用压力喷壶、滚筒进行模台、模具脱模剂的涂刷。

②模台、模具的所有混凝土接触面均应涂刷脱模剂,涂抹均匀、不漏涂。

7. 质量控制

模具组装完成后,模具的尺寸允许偏差应符合附表 1.1 的要求。

附表 1.1　模具组装尺寸允许偏差

项次	检验项目及内容	允许偏差/mm	检验方法
1	长度	(5,−3)	钢尺测量
2	宽、厚度	(5,−3)	钢尺测量
3	对角线	(3,0)	细线测量两根对角线尺寸,取差值
4	组模缝隙	(3,0)	塞尺测量
5	端模与侧模高低差	(3,0)	钢尺两边测量取平均值

注:综合考虑设备和模具匹配精度问题,建议适当放大允许误差范围 2～3 倍,但构件实际生产过程允许误差范围严格按照国家标准执行。

三、钢筋绑扎

1. 钢筋摆放

①根据侧边模上预留的定位缺口摆放横向钢筋。

②根据端边模上预留的定位缺口摆放纵向钢筋。

③根据图纸摆放钢筋桁架及吊点加强筋。

2. 钢筋绑扎

①检查、调整完钢筋的位置、外伸长度后绑扎钢筋。

②使用扎钩、钢卷尺、扎丝等,按照角部、边部、中部的顺序绑扎,规范要求四边满扎,中间采用梅花状方式跳扎,绑扎时注意相邻绑扎点的丝扣要呈八字形,以防钢筋网片歪斜变形。

3. 放置垫块

按梅花状,每间隔 500 mm 放置一个垫块,且满足钢筋限位及控制变形的要求。

4. 模具开孔封堵

使用叠合板专用胶塞封堵外伸钢筋与缺口之间的空隙,防止漏浆。

5. 质量控制

钢筋绑扎完成后,应按设计图纸要求对钢筋的间距、伸出长度及钢筋保护层等进行检查,尺寸偏差应符合附表1.2的规定。

附表1.2　钢筋成品的允许偏差和检验方法

项目	允许偏差/mm	检验方法
钢筋间距	±10	钢尺量连续3挡,取最大值
外伸钢筋长度	10,0	钢尺量,取最大值

注:综合考虑设备和模具匹配精度问题,建议适当放大允许误差范围2~3倍,但构件实际生产过程中允许误差范围严
　　格按照国家标准执行。

四、预埋件安装

1. 预埋件定位、摆放

①以边模内边缘线为基准线,根据模板图中预埋件[预埋线盒(瓷座)、预埋套管、预埋泡沫板]的定位尺寸,用钢卷尺确定预埋件的中心点位置并做好标记。

②注意两个方向要多次校核,确保预埋线盒、预埋套管位置准确。

2. 预埋件固定

①正确使用扎钩(如有)、扎丝(如有)、措施钢筋(如有)或瓷座(如有)固定预埋线盒。

②正确使用扎钩(如有)、扎丝(如有)、措施钢筋(如有)或专用固定器(如有)固定PVC套管。

3. 质量控制

预埋件安装允许偏差及检验方法应满足附表1.3的规定。

附表1.3　预留和预埋质量要求与允许偏差及检验方法

项目		允许偏差/mm	检验方法
预埋线盒	中心线位置	±10	尺量
预留孔洞	中心线位置	±10	

五、工完料清

1. 拆解并复位预埋件

使用撬棍、扎钩,依据先装后拆的原则拆除埋件,并将埋件放置原位。

2. 拆解并复位钢筋

使用钢丝钳、扎钩,依据先装后拆的原则拆除钢筋,并将钢筋放置原位。

3. 拆解并复位模具

使用扳手、撬棍,依据先装后拆的原则拆除瓷盒、螺栓,并将模具、瓷盒等放置原位。

4. 工具入库

清点工具并放置原位。

5. 材料回收

回收可再利用材料(垫块、胶塞),放置原位,分类明确,摆放整齐。

6. 场地清理

使用扫帚清理模台和地面、不得有垃圾(扎丝),清理完后归还清理工具。

实训项目二 综合吊装(含"一"字形、L形节点及外挂墙吊装)

综合吊装(含"一"字形、L形节点及外挂墙吊装)实训任务书

项目名称		综合吊装(含"一"字形、L形节点及外挂墙吊装)实训			
适用专业		实施学期	第 学期	总学时	
项目类型	实训操作	项目性质	操作	考核形式	考查

一、实训任务

依据国家、行业相关规范、标准和图集,学生分组完成综合吊装及质量检验,具体任务如下:

1. 完成吊装前的准备工作。

2. 完成外墙挂板的吊装。

3. 完成剪力墙的吊装。

4. 完成"一"字形后浇节点的施工(钢筋绑扎、模板支设)。

5. 完成L形后浇节点的施工(钢筋绑扎、模板支设)。

6. 完成综合吊装施工各工序的质量检验。

7. 完成工完料清操作。

二、物料清单(每组用量)

分类	序号	名称	规格型号	单位	数量	备注
劳保用品	1	安全帽		个	5	
	2	工作手套		双	5	
	3	安全马甲		套	5	
预制构件	4	外墙挂板、预制剪力墙 "一"字形、L形节点)		套	1	
材料	5	粉笔或滑石笔		支	若干	
	6	扎丝		捆	若干	
	7	斜撑固定螺栓		个	12	
	8	橡塑棉条	2 m	根	3	
	9	垫块	钢筋保护层	个	若干	
	10	美纹纸		个	1	
	11	铝模固定螺栓		个	8	
	12	保温板		块	1	
	13	脱模剂	可用水代替	桶	1	
	14	上、下连接件		个	4	
	15	L形节点铝模	与节点尺寸匹配	组	1	
	16	"一"字形节点铝模	与节点尺寸匹配	组	1	

续表

分类	序号	名称	规格型号	单位	数量	备注
设备机具	17	吊装设备	吊具、行车、吊链/吊带、吊环	套	1	
	18	检测工具	水准仪、水准尺、墨斗、钢卷尺、靠尺、塞尺、吊锤	套	1	
	19	定位工具	撬棍、钢筋定位模板、镜子	套	1	
	20	固定工具	电动扳手、可调斜撑	套	1	
	21	钢筋绑扎	扎钩、套筒	个	若干	
	22	连接钢筋、工作面处理工具	铁锤、钢丝刷、錾子、钢管	套	1	
	23	清理工具	喷壶、抹布、扫帚、簸箕	套	1	

三、实训目的

　　1. 反复吊装实操训练,提高训练效率、利用率,减少成本消耗;

　　2. 培养学生的岗前准备和工完料清的工作习惯;

　　3. 培养学生掌握预制构件综合吊装岗位实操技能;

　　4. 增加学生现场实操体验;

　　5. 培养学生团队交流协作能力;

　　6. 培养学生从事职业活动所需的工作方法和学习方法的能力;

　　7. 培养学生良好的职业道德操守和行为规范。

四、实训要求

　　1. 穿实训服,戴安全帽;

　　2. 作业过程必须戴工作手套,使用电动机械由专人负责;

　　3. 实训前学生自行分组,每组人数约 5 人,并选出组长,分配好每个人的工作任务;

　　4. 验收工作实行"三检"制度:组内自检、组间互检、指导专检;

　　5. 验收后,各组负责后续的拆除、清理工作,指导检查确认后方可离场。

五、实训建议

　　1. 人员分配:每组约 5 人;

　　2. 时间分配:每组 90 min。

六、附录

　　附录 A:预制墙板外形尺寸检验(学员用表)

　　附录 B:预制墙板安装质量检验记录表(学员用表)

　　附录 C:成绩评定(教师用表)

附录 A：预制墙板外形尺寸检验（学员用表）

项次	检查项目		允许偏差/mm	检验方法	设计值	实测值
1	规格尺寸	高度	±4	用钢尺测量两端及中部,取其中偏差		
2		宽度	±4	用钢尺测量两端及中部,取其中偏差		
3		厚度	±3	用钢尺测量板四角和四边中部位置		
4	对角线		5	用钢尺测量两对角线的长度,取其绝对值的差值		
5	预留预埋件	中心线位置	5	用钢尺测量纵、横两个方向的中心线位置		
		数量				
6	表面平整度（内）		4	2 m 靠尺和塞尺		
7	外观质量缺陷情况					

附录 B：预制墙板安装质量检验记录表（学员用表）

验收项目		设计要求及规范规定	误差范围/mm	检查记录	检查结果
剪力墙安装质量	剪力墙安装连接牢固程度	牢固			
	剪力墙安装位置	竖向构件（墙板）	8		
	剪力墙垂直度	≤6 m	5		
钢筋连接质量	钢筋间距		10,0		
	钢筋绑扎是否牢固	牢固			
	垫块布置	间距 500 mm 一个	10,0		
模板质量	牢固程度	牢固			
	模板位置	宽度	10,0		

记录员：

年　月　日

注:检查中心线,沿纵、横两个方向测量,并取其中偏差较大值。

附录 C：评分表（教师用表）（满分 100 分）

实操组号：　　　　　　实操人数：　　　　　　实操时间：

实操项	实操质量控制+组织能力+施工安全		评分标准	满分/分	实得分/分	备注
一、施工准备（10分）	劳保用品准备	佩戴安全帽	①内衬圆周大小调节到头部稍有约束感为宜。②系好下颚带，应紧贴下颚，松紧以下颚有约束感，但不难受为宜。均满足要求可得满分，否则得 0 分	2		
		穿戴劳保工装、防护手套	①劳保工装做到"统一、整齐、整洁"，并做到"三紧"，即领口紧、袖口紧、下摆紧，严禁卷袖口、卷裤腿等现象。②必须佩戴手套，方可进行实操考核。均满足要求可得满分，否则得 0 分	2		
	设备检查	检查施工设备（如吊装机具、吊具等）	操作开关检查吊装机具是否正常运转、吊具是否正常使用。均满足要求可得满分，否则 0 分	1		
	领取工具	根据安装工艺流程领取全部工具	根据安装工艺流程领取全部工具。所选工具均满足实操要求可得满分。如后期操作发现缺少工具，可回到此项扣分，任漏选一项扣 0.5 分，最多扣 2 分。选择的工具多于实际使用工具≥3 项时，扣除 1 分	2		
	领取材料	根据安装工艺流程领取全部材料	根据安装工艺流程领取全部材料。所选材料均满足实操要求可得满分。如后期操作发现缺少材料，可回到此项扣分，任漏选一项扣 0.5 分，最多扣 2 分。选择的材料多于实际使用材料≥3 项时，扣除 1 分	2		
	卫生检查及清理	施工场地卫生检查及清扫	对施工场地卫生进行检查，并使用扫帚规范清理场地。均满足要求可得满分，否则 0 分	1		

附表

实操项	实操(质量控制+组织能力+施工安全)		评分标准	满分/分	实得分/分	备注
二、外墙挂板吊装工艺流程(9分)	外墙挂板质量检查	依据图纸进行外墙挂板质量检查	使用工具(钢卷尺、靠尺、塞尺)检查构件尺寸、外观、平整度、埋件位置及数量等是否符合图纸要求。均满足要求可得满分,否则0分	1		
	定位划线	弹控制线	使用工具(钢卷尺、墨盒、铅笔),根据已有轴线或定位线引出200~500 mm控制线。均满足要求可得满分,否则0分	1		
	外墙挂板吊装	吊具连接	满足吊链与水平夹角不宜小于60°。均满足要求可得满分,否则0分	0.5		
		外墙挂板试吊	操作吊装设备起构件至距离地面约300 mm,停滞,观察吊具是否安全。均满足要求可得满分,否则0分	1		
		外墙挂板吊运	操作吊装设备吊运剪力墙,缓起、匀升、慢落。均满足要求可得满分,否则0分	1		
		外墙挂板安装对位	操作设备吊装下落,底部螺杆对准下连接件。均满足要求可得满分,否则0分	1		
	外墙挂板临时固定		使用工具(扳手、斜撑)和材料(固定螺栓)临时固定外墙挂板。均满足要求可得满分,否则0分	1		
	外墙挂板调整	外墙挂板位置测量及调整	使用工具(钢卷尺、撬棍)调整位置。均满足要求可得满分,否则0分	0.5		
		外墙挂板垂直度测量及调整	使用工具(靠尺、钢卷尺)检测垂直并进行调整。均满足要求可得满分,否则0分	0.5		
	外墙挂板终固定		使用工具(扳手、角钢连接件)和材料(固定螺栓)终固定。均满足要求可得满分,否则0分	1		
	摘除吊钩		将吊钩依次摘除。均满足要求可得满分,否则0分	0.5		

实操项	实操质量控制+组织能力+施工安全		评分标准	满分/分	实得分/分	备注
三、剪力墙吊装工艺流程(25 分)	构件质量检查	依据图纸进行剪力墙质量检查(尺寸、外观、平整度、埋件位置及数量等)	使用工具(钢卷尺、靠尺、塞尺)检查构件尺寸、外观、平整度、埋件位置及数量等是否符合图纸要求。均满足要求可得满分,否则 0 分	2		
	连接钢筋处理	连接钢筋除锈	使用工具(钢丝刷)对生锈钢筋处理,若没有生锈钢筋,则说明钢筋无须除锈。均满足要求可得满分,否则 0 分	0.5		
		连接钢筋长度检查	使用工具(钢卷尺)对每个钢筋进行测量,指出不符合要求的钢筋。均满足要求可得满分,否则 0 分	1		
		连接钢筋垂直度检查	用钢筋定位模板对钢筋位置、垂直度进行测量,指出不符合要求的钢筋。均满足要求可得满分,否则 0 分	2		
		连接钢筋校正	使用工具(校正工具)对钢筋长度、位置、垂直度等不符合要求的进行校正。均满足要求可得满分,否则 0 分	1		
	工作面处理	凿毛处理	使用工具(铁锤、錾子)对定位线内工作面进行粗糙面处理。均满足要求可得满分,否则 0 分	0.5		
		工作面清理	使用工具(扫帚)对工作面进行清理。均满足要求可得满分,否则 0 分	0.5		
		洒水湿润	使用工具(喷壶)对工作面进行洒水湿润处理。均满足要求可得满分,否则 0 分	0.5		
	弹控制线		使用工具(钢卷尺、墨盒、铅笔),根据已有轴线或定位线引出 200 ~ 500mm 控制线。均满足要求可得满分,否则 0 分	2		
	放置橡塑棉条		使用材料(橡塑棉条),根据定位线或图纸放置橡塑棉条至保温板位置。均满足要求可得满分,否则 0 分	1		
	放置垫块		使用材料(垫块),在墙两端距离边缘 4 cm 以上,远离钢筋位置处放置 2 cm 高垫块。均满足要求可得满分,否则 0 分	1		
	标高找平		使用工具(水准仪、水准尺),先后视假设标高控制点,再将水准尺分别放置垫块顶,若垫块标高符合要求则不需调整,若垫块不在误差范围内,则需换不同规格垫块。均满足要求可得满分,否则 0 分(建议考生有测量过程即可得分)	1		

续表

实操项	实操质量控制+组织能力+施工安全		评分标准	满分/分	实得分/分	备注
三、剪力墙吊装工艺流程(25分)	剪力墙吊装	吊具连接	选择吊孔,满足吊链与水平夹角不宜小于60°。均满足要求可得满分,否则0分	1		
		剪力墙试吊	操作吊装设备起构件至距离地面约300 mm,停滞,观察吊具是否安全。均满足要求可得满分,否则0分	1		
		剪力墙吊运	操作吊装设备吊运剪力墙,缓起、匀升、慢落。均满足要求可得满分,否则0分	2		
		剪力墙安装对位	使用工具(镜子),将镜子放置墙体两端钢筋相邻处,观察套筒与钢筋的位置关系,边调整剪力墙位置边下落。均满足要求可得满分,否则0分	2		
	剪力墙临时固定		使用工具(斜支撑、扳手)和材料(固定螺栓)临时固定墙板。均满足要求可得满分,否则0分	2		
	剪力墙调整	剪力墙位置测量及调整	使用工具(钢卷尺、撬棍),先进行剪力墙位置测量是否符合要求,如误差>10 mm,则用撬棍进行调整。均满足要求可得满分,否则0分	1		
		剪力墙垂直度测量及调整	使用工具(有刻度靠尺)检查是否符合要求,如误差>10 mm 则调整斜支撑进行校正。均满足要求可得满分,否则0分	1		
	剪力墙终固定		使用工具(扳手)进行终固定。均满足要求可得满分,否则0分	1		
	摘除吊钩		摘除吊钩。均满足要求可得满分,否则0分	1		

实操项	实操质量控制+组织能力+施工安全		评分标准	满分/分	实得分/分	备注
四、后浇接管施工(26分)	连接钢筋处理	连接钢筋除锈	使用工具(钢丝刷)对生锈钢筋进行处理,若没有生锈钢筋,则说明钢筋无须除锈。均满足要求可得满分,否则 0 分	1		
		钢筋长度检查	使用工具(钢卷尺)对每个钢筋进行测量,指出不符合要求的钢筋。均满足要求可得满分,否则 0 分	1		
		钢筋垂直度检查	用钢筋定位模板对钢筋位置、垂直度进行测量,指出不符合要求的钢筋。均满足要求可得满分,否则 0 分	1		
		连接钢筋校正	使用工具(校正工具)对钢筋长度、垂直度等不符合要求的进行校正。均满足要求可得满分,否则 0 分	1		
	工作面处理	凿毛处理	使用工具(铁锤、錾子)对定位线内工作面进行粗糙面处理。均满足要求可得满分,否则 0 分	1		
		工作面清理	使用工具(扫帚)对工作面进行清理。均满足要求可得满分,否则 0 分	1		
		洒水湿润	使用工具(喷壶)对水平工作面和竖向工作面进行洒水湿润处理。均满足要求可得满分,否则 0 分	1		
		接缝保温防水处理	使用材料(橡塑棉条),根据图纸沿板缝填充橡塑棉条。均满足要求可得满分,否则 0 分	1		
	钢筋连接	弹控制线	使用工具(钢卷尺、墨盒、铅笔),根据已有轴线或定位线引出 200 ~ 500 mm 控制线。均满足要求可得满分,否则 0 分	1		
		摆放水平钢筋	根据图纸将水平钢筋摆放在指定位置,并用工具(扎钩、镀锌铁丝)临时固定。均满足要求可得满分,否则 0 分	1		
		竖向钢筋与底部连接钢筋连接	根据图纸将竖向钢筋与节点连接钢筋用直螺纹套筒连接起来。均满足要求可得满分,否则 0 分	1		
		钢筋绑扎	使用工具(扎钩)和材料(扎丝)依次绑扎钢筋连接处。均满足要求可得满分,否则 0 分	1		
		固定保护层垫块	使用工具(扎钩)和材料(扎丝、垫块)固定保护层垫块,一般垫块间距 500 mm 左右。均满足要求可得满分,否则 0 分	2		

续表

实操项	实操质量控制+组织能力+施工安全		评分标准	满分/分	实得分/分	备注
四、后浇接管施工(26分)	模板安装	粘贴防侧漏、底漏胶条	使用材料(胶条)沿墙边竖直粘贴胶条。均满足要求可得满分,否则0分	2		现场用美纹纸代替胶条
		模板选型	使用工具(钢卷尺)和肉眼观察选择合适模板。均满足要求可得满分,否则0分	2		
		粉刷脱模剂	使用工具(滚筒)和材料(脱模剂)均匀涂刷于混凝土接触面。均满足要求可得满分,否则0分	2		
		模板初固定	使用工具(扳手、螺栓)依次用扳手初固定。均满足要求可得满分,否则0分	2		
		模板位置检查与校正	使用工具(钢卷尺、橡胶锤)检查模板安装位置是否符合要求,若超出误差>1 cm,则用橡胶锤进行位置调整。均满足要求可得满分,否则0分	2		
		模板终固定	使用工具(扳手)对螺栓进行终拧。均满足要求可得满分,否则0分	2		
五、质量控制(11分)	外墙挂板吊装质量	外墙挂板安装连接(螺栓牢固)	①该质量控制在外墙挂板吊装完成后执行;②完成该质量控制检验步骤,各步骤得0.5分,否则0分;③根据测量数据判断是否符合标准,在误差范围之内各得0.5分,否则0分	1		
		外墙挂板安装位置误差范围(8 mm,0)		1		
		外墙挂板垂直度误差范围(5 mm,0)		1		
	剪力墙安装质量	剪力墙安装连接牢固程度	①该质量控制在剪力墙吊装完成后执行;②完成该质量控制检验步骤,各步骤得0.5分,否则0分;③根据测量数据判断是否符合标准,在误差范围之内各得0.5分,否则0分	1		
		剪力墙安装位置误差范围(8 mm,0)		1		
		剪力墙垂直度(5 mm,0)		1		
	钢筋连接质量	钢筋间距误差(10 mm,0)	①该质量控制在钢筋连接完成后执行;②完成该质量控制检验步骤,各步骤得0.5分,否则0分;③根据测量数据判断是否符合标准,在误差范围之内各得0.5分,否则0分	1		
		钢筋绑扎是否牢固		1		
		垫块布置间距500 mm,误差范围(10 mm,0)		1		

实操项	实操质量控制+组织能力+施工安全		评分标准	满分/分	实得分/分	备注
五、工完料清（9分）	模板质量	牢固程度	①该质量控制在模板安装完成后执行；②完成该质量控制检验步骤，各步骤得0.5分，否则0分；	1		
		位置误差范围（10 mm,0）	③根据测量数据判断是否符合标准，在误差范围之内各得0.5分，否则0分	1		
	拆解复位考核设备	拆除并复位模板	使用工具（扳手）依据先装后拆的原则拆除模板，并放置原位。均满足要求可得满分，否则0分	2		
		拆除并复位钢筋	使用工具（钢丝钳）依据先装后拆的原则拆除钢筋，并放置原位。均满足要求可得满分，否则0分	2		
		拆除构件并放置存放架	使用吊装设备依据先装后拆的原则将构件放置原位。均满足要求可得满分，否则0分	2		
		工具入库	清点工具，对需要保养工具（如工具污染、损坏）进行保养或交于工作人员处理。均满足要求可得满分，否则0分	1		
		材料回收	回收可再利用材料，放置原位，分类明确，摆放整齐。均满足要求可得满分，否则0分	1		
		场地清理	使用工具（扫帚）清理模台和地面，不得有垃圾（扎丝），清理完毕后归还清理工具。均满足要求可得满分，否则0分	1		
六、组织协调（10分）		指令明确	根据指令明确程度、口齿清晰洪亮程度，在0~5分区间灵活得分。任漏发指令一条扣0.5分，最多扣5分	5		
		分工合理	根据分工是否合理、有无人员窝工或分工不均情况等，在0~5分区间灵活得分	5		
七、安全生产	生产过程中严格按照安全文明生产规定操作，无恶意损坏工具、原材料且无因操作失误造成实训人员伤害等行为		出现危险操作时，其余成员未制止或不听工作人员指令自行操作等违反安全文明生产规定行为；以及不遵守考试纪律等严重违纪行为。出现违纪行为即终止本项实训，该项目成绩记0分	合格/不合格		
总分/分	100		终得分/分			
教师签字			组员签字			

综合吊装(含"一"字形、L形节点及外挂墙吊装)实训指导书

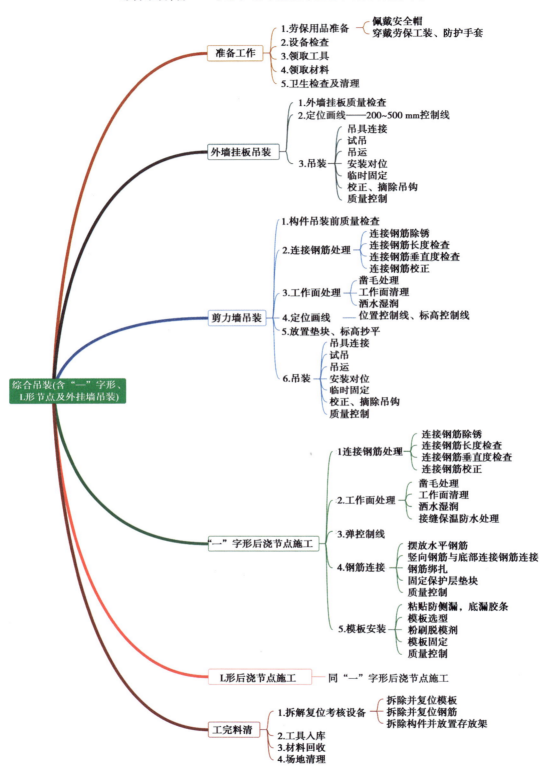

一、准备工作

1.劳保用品准备

（1）佩戴安全帽

①内衬圆周大小调节到头部稍有约束感为宜。

②系好下颚带,下颚带应紧贴下颚,松紧以下颚有约束感,但不难受为宜。

（2）穿戴劳保工装、防护手套

①劳保工装做到"统一、整齐、整洁",并做到"三紧",即领口紧、袖口紧、下摆紧,严禁卷袖口、卷裤腿等现象。

②必须正确穿戴手套,方可进行实操考核。

2.设备检查

操作开关检查吊装设备是否正常运转,吊具是否正常使用。

3.领取工具

根据安装工艺流程领取全部工具,摆放整齐。

4.领取材料

根据安装工艺流程领取全部材料,摆放整齐。

5.卫生检查及清理

对施工场地卫生进行检查,并使用扫帚规范清理场地。

二、外墙挂板吊装

1.外墙挂板质量检查

使用工具（钢卷尺、靠尺、塞尺）检查构件尺寸、外观、平整度、埋件位置及数量等是否符合图纸要求。

2.定位画线

使用工具（钢卷尺、墨盒、铅笔）,根据已有轴线或定位线引出 200～500 mm 控制线。

3.外墙挂板吊装

（1）吊具连接

满足吊链与水平夹角不宜小于 60°。

（2）外墙挂板试吊

操作吊装设备起构件至距离地面约 300 mm,停滞,观察吊具是否安全。

（3）外墙挂板吊运

操作吊装设备吊运剪力墙,缓起、匀升、慢落。

（4）外墙挂板安装对位

操作设备吊装下落,底部螺杆对准下连接件。

4.外墙挂板临时固定

使用工具（扳手、斜撑）和材料（螺栓）临时固定外墙挂板。

5. 外墙挂板调整

（1）外墙挂板位置测量及调整

使用工具（钢卷尺、撬棍）调整位置。

（2）外墙挂板垂直度测量及调整

使用工具（靠尺、钢卷尺）检测垂直度并进行调整。

6. 外墙挂板终固定

使用工具（扳手、角钢连接件）和材料（固定螺栓）终固定。

7. 摘除吊钩

待构件终固定后摘除吊钩。

8. 质量控制

使用工具（锤子、钢卷尺、靠尺）检验外墙挂板连接牢固程度、安装位置、垂直度等是否在允许误差范围内，验收结果需满足附表2.1的规范要求。

附表 2.1　质量控制规范要求

项目	允许偏差/mm	检验方法
安装连接（螺栓牢固）	牢固	螺栓不松动即可
安装位置误差/mm	8,0	钢尺检查
垂直度误差/mm	5,0	靠尺检查

三、构件吊装

1. 构件质量检查

使用工具（钢卷尺、靠尺、塞尺）检查构件尺寸、外观、平整度、埋件位置及数量等是否符合图纸要求。

2. 连接钢筋处理

（1）连接钢筋除锈

使用工具（钢丝刷）对生锈钢筋进行处理，若没有生锈钢筋，则说明钢筋无须除锈。

（2）连接钢筋长度检查

使用工具（钢卷尺）对每个钢筋进行测量，指出不符合要求的钢筋。

（3）连接钢筋垂直度检查

用钢筋定位模板对钢筋垂直度进行测量，指出不符合要求的钢筋。

（4）连接钢筋校正

使用工具（撬管、锤子）对钢筋长度、标高、垂直度等不符合要求的进行校正。

3. 工作面处理

（1）凿毛处理

使用工具（铁锤、錾子）对定位线内工作面进行粗糙面处理。

（2）工作面清理

使用工具（扫帚）对工作面进行清理。

（3）洒水湿润

使用工具（喷壶）对工作面进行洒水湿润处理。

4. 弹控制线

使用工具（钢卷尺、墨盒、铅笔），根据已有轴线或定位线引出 200～500 mm 的控制线。

5. 放置橡塑棉条

使用材料（橡塑棉条），根据定位线或图纸放置橡塑棉条至保温板位置。

6. 放置垫块

使用材料（垫块），在墙两端距离边缘 4 cm 以上，远离钢筋位置处放置 2 cm 高垫块。

7. 标高找平

使用工具（水准仪、水准尺），先后视假设标高控制点，再将水准尺分别放置垫块顶，若垫块标高符合要求则不需调整，若垫块不在误差范围内，则需换不同规格垫块。

8. 剪力墙吊装

（1）吊具连接

满足吊链与水平夹角不宜小于 60°。

（2）剪力墙试吊

操作吊装设备起构件至距离地面约 300 mm，停滞，观察吊具是否安全。

（3）剪力墙吊运

操作吊装设备吊运剪力墙，缓起、匀升、慢落。

（4）剪力墙安装对位

操作吊装设备，使用工具（镜子），将镜子放置在墙体两端钢筋相邻处，观察套筒与钢筋的位置关系，边调整剪力墙位置边下落。

9. 剪力墙临时固定

使用工具（斜支撑、扳手、螺栓）临时固定墙板。

10. 剪力墙调整

（1）剪力墙位置测量及调整

使用工具（钢卷尺、撬棍）进行剪力墙位置测量，检查是否符合要求，如误差>10 mm，则用撬棍进行调整。

（2）剪力墙垂直度测量及调整

使用工具（有刻度靠尺）检查垂直度是否符合要求，如误差>10 mm 则调整斜支撑进行校正。

11. 剪力墙终固定

使用工具（扳手）进行终固定。

12. 摘除吊钩

待构件终固定后,摘除吊钩。

13. 剪力墙安装质量

预制构件安装完成后,质检员应对构件的平面位置、板顶标高、垂直度、相邻构件平整度、板缝宽度、钢筋间距、垫块间距、模板位置及固定程度进行实测实量验收,验收结果需满足附表2.2的规范要求。

附表2.2　预制墙板安装允许偏差

项目	允许偏差/mm	检验方法
预制墙板安装牢固程度	—	—
构件安装位置	8.0	控制线和钢尺检查
构件安装标高	5.0	水准仪或拉线、钢尺检查
构件垂直度	5.0	2 m靠尺检查

四、"一"字形后浇节点施工

1. 连接钢筋处理

(1)连接钢筋除锈

使用工具(钢丝刷)对生锈钢筋进行处理,若没有生锈钢筋,则说明钢筋无须除锈。

(2)连接钢筋长度检查

使用工具(钢卷尺)对每个钢筋进行测量,指出不符合要求的钢筋。

(3)连接钢筋垂直度检查

用钢筋定位模板对钢筋垂直度进行测量,指出不符合要求的钢筋。

(4)连接钢筋校正

使用工具(撬管、锤子)对钢筋长度、标高、垂直度等不符合要求的进行校正。

2. 工作面处理

(1)凿毛处理

使用工具(铁锤、錾子)对定位线内工作面进行粗糙面处理。

(2)工作面清理

使用工具(扫帚)对工作面进行清理。

(3)洒水湿润

使用工具(喷壶)对工作面进行洒水湿润处理。

(4)接缝保温防水处理

使用材料(橡塑棉条),根据图纸沿板缝填充橡塑棉条。

3. 弹控制线

使用工具(钢卷尺、墨盒、铅笔),根据已有轴线或定位线引出200~500 mm的控制线。

4. 钢筋连接

（1）摆放水平钢筋

根据图纸将水平钢筋摆放在指定位置，并用工具（扎钩、镀锌铁丝）临时固定。

（2）竖向钢筋与底部连接钢筋连接

根据图纸将竖向钢筋与节点连接钢筋用直螺纹套筒连接。

（3）钢筋绑扎

使用工具（扎钩）和材料（扎丝）依次绑扎钢筋连接处。

（4）固定保护层垫块

使用工具（扎钩）和材料（扎丝、垫块）固定保护层垫块，一般垫块间距 500 mm 左右。

（5）钢筋连接质量控制

使用工具（钢卷尺、锤子）等检查钢筋间距、牢固程度、垫块布置情况等。验收结果需满足附表 2.3 的规范要求。

附表 2.3　验收结果

项目	允许偏差/mm	检验方法
钢筋间距	10,0	钢尺检查
垫块间距	10,0	钢尺检查
钢筋绑扎是否牢固	牢固	不松动即可

5. 模板安装

（1）粘贴防侧漏、底漏胶条

使用材料（胶条）沿墙边竖直粘贴胶条（用美纹纸代替）。

（2）模板选型

使用工具（钢卷尺）和肉眼观察选择合适模板。

（3）粉刷脱模剂

使用工具（滚筒）和材料（脱模剂）均匀涂刷于混凝土接触面。

（4）模板初固定

使用工具（扳手、螺栓）依次用扳手初固定。

（5）模板位置检查与校正

使用工具（钢卷尺、橡胶锤）检查模板安装位置是否符合要求，若超出误差>1 cm，则用橡胶锤进行位置调整。

（6）模板终固定

使用工具（扳手）对螺栓进行终拧。

（7）质量控制

使用工具（钢卷尺、锤子）检查模板安装牢固程度和位置是否在误差范围内。验收结果需满足附表 2.4 的规范要求。

附表2.4 验收结果

项目	允许偏差/mm	检验方法
位置误差	10,0	钢尺检查
模板安装是否牢固	牢固	不松动即可

五、L形后浇节点施工

1. 连接钢筋处理

（1）连接钢筋除锈

使用工具（钢丝刷）对生锈钢筋进行处理，若没有生锈钢筋，则说明钢筋无须除锈。

（2）连接钢筋长度检查

使用工具（钢卷尺）对每个钢筋进行测量，指出不符合要求的钢筋。

（3）连接钢筋垂直度检查

用钢筋定位模板对钢筋垂直度进行测量，指出不符合要求的钢筋。

（4）连接钢筋校正

使用工具（撬管、锤子）对钢筋长度、标高、垂直度等不符合要求的进行校正。

2. 工作面处理

（1）凿毛处理

使用工具（铁锤、錾子）对定位线内工作面进行粗糙面处理。

（2）工作面清理

使用工具（扫帚）对工作面进行清理。

（3）洒水湿润

使用工具（喷壶）对工作面进行洒水湿润处理。

（4）接缝保温防水处理

使用材料（橡塑棉条），根据图纸沿板缝填充橡塑棉条。

3. 弹控制线

使用工具（钢卷尺、墨盒、铅笔），根据已有轴线或定位线引出 200～500 mm 的控制线。

4. 钢筋连接

（1）摆放水平钢筋

根据图纸将水平钢筋摆放在指定位置，并用工具（扎钩、镀锌铁丝）临时固定。

（2）竖向钢筋与底部连接钢筋连接

根据图纸将竖向钢筋与节点连接钢筋用直螺纹套筒连接。

（3）钢筋绑扎

使用工具（扎钩）和材料（扎丝）依次绑扎钢筋连接处。竞赛中不少于 10 处绑扎部位。

（4）固定保护层垫块

使用工具（扎钩）和材料（扎丝、垫块）固定保护层垫块，一般垫块间距 500 mm 左右。

（5）钢筋连接质量控制

使用工具（钢卷尺、锤子）等检查钢筋间距、牢固程度、垫块布置情况等。验收结果需满足附表 2.5 的规范要求。

附表 2.5　验收结果

项目	允许偏差/mm	检验方法
钢筋间距	10,0	钢尺检查
垫块间距	10,0	钢尺检查
钢筋绑扎是否牢固	牢固	不松动即可

5. 模板安装

（1）粘贴防侧漏、底漏胶条

使用材料（胶条）沿墙边竖直粘贴胶条（用美纹纸代替）。

（2）模板选型

使用工具（钢卷尺）和肉眼观察选择合适模板。

（3）粉刷脱模剂

使用工具（滚筒）和材料（脱模剂）均匀涂刷于混凝土接触面。

（4）模板初固定

使用工具（扳手、螺栓）依次用扳手初固定。

（5）模板位置检查与校正

使用工具（钢卷尺、橡胶锤）检查模板安装位置是否符合要求，若超出误差>1 cm，则用橡胶锤进行位置调整。

（6）模板终固定

使用工具（扳手）对螺栓进行终拧。

（7）质量控制

使用工具（钢卷尺、锤子）检查模板安装牢固程度和位置是否在误差范围内。验收结果需满足附表 2.6 的规范要求。

附表 2.6　验收结果

项目	允许偏差/mm	检验方法
位置误差	10,0	钢尺检查
模板安装是否牢固	牢固	不松动即可

六、工完料清

1. 拆解复位考核设备

（1）拆除并复位模板

使用工具（扳手）依据先装后拆的原则拆除模板，并放置原位。

（2）拆除并复位钢筋

使用工具（钢丝钳）依据先装后拆的原则拆除钢筋，并放置原位。

（3）拆除构件并放置存放架

使用吊装设备依据先装后拆的原则将构件放置原位。

2. 工具入库

清点工具，对需要保养的工具（如工具污染、损坏）进行保养或交于指导教师处理。

3. 材料回收

回收可再利用材料，放置原位，分类明确，摆放整齐。

4. 场地清理

使用工具（扫帚）清理模台和地面，不得有垃圾（扎丝），清理完毕后归还清理工具。

实训项目三　预制墙板套筒灌浆连接实训

预制剪力墙套筒灌浆施工实训任务书

项目名称	预制剪力墙套筒灌浆施工实训				
适用专业		实施学期	第　学期	总学时	
项目类型	实训操作	项目性质	操作	考核形式	考查

一、实训任务

依据国家、行业相关规范、标准和图集,学生分组完成预制剪力墙套筒灌浆施工及质量检验,具体任务如下:

1. 完成灌浆前的准备工作;

2. 完成构件吊装;

3. 完成封缝料制作与封缝;

4. 完成灌浆施工;

5. 完成套筒灌浆施工各工序的质量检验;

6. 完成工完料清操作。

二、物料清单(每组用量)

分类	序号	名称	规格型号	单位	数量	备注
劳保用品	1	安全帽		个	5	
	2	工作手套		双	5	
	3	安全马甲		套	5	
预制构件	4	预制剪力墙半套筒灌浆节点构件	上部剪力墙尺寸:1 000 mm×200 mm×100 mm,下部底座尺寸:1 000 mm×600 mm×150 mm	套	1	
材料	5	套筒专用灌浆料	高强灌浆料	kg	若干	
	6	封缝用坐浆料	坐浆料	kg	若干	
	7	水			若干	
	8	垫块			若干	
	9	粉笔		支	1	
设备机具	10	吊装设备	吊具、行车、吊链	套	1	
	11	检查工具	气泵或打气筒	个	1	
	12	测量工具	水准仪、水准尺、墨斗、棒式温度计(测量范围:0~50 ℃)钢卷尺	套	1	
	13	定位工具	撬棍、钢筋定位模板、镜子	套	1	

续表

分类	序号	名称	规格型号	单位	数量	备注
设备机具	14	制浆工具	手提变速搅拌器(功率:1 200~1 400 W;转速:0~800 r/min 可调;电压:单相 220 V/50 h;搅拌头:片状或圆形花篮式)、刻度量杯(3 L)、水桶、塑料勺、不锈钢平底桶(容量 30 L,直径:300 m,高度:40 m)、不锈钢小盆、电子秤 1(尺寸:400 mm×500 mm;量:100 kg)、电子秤 2(量:10 kg)	套	1	
	15	分仓分缝工具	小铲子、小抹子(宽度 2 cm)、内衬(1 m PVC)、托板	套	2	
	16	灌浆工具	手动灌浆枪、电动灌浆泵、专用堵头(灌浆嘴堵头与灌浆套筒匹配)	套	1	
	17	试验工具	圆截锥试模(70 mm×100 mm×60 mm)铁棒、玻璃板(500 mm×500 mm)	套	1	
	18	工作面处理工具	锤子、钢丝刷、钢錾子、钢管	套	1	
	19	清理工具	喷壶、抹布、扫帚、高压水枪(96 W、流量 10 L/min、水管内径:8 mm×10 mm)	套	1	

三、实训目的

1.反复灌浆实操训练,提高训练效率、利用率,减少成本消耗。

2.培养学生的岗前准备和工完料清的工作习惯。

3.培养学生掌握构件灌浆岗位实操技能。

4.培养学生掌握预制剪力墙构件吊运与安装岗位实操技能。

5.增加学生现场实操体验。

6.培养学生了解灌浆连接结构和灌浆原理。

7.培养学生团队交流协作能力。

8.培养学生从事职业活动所需的工作方法和学习方法的能力。

9.培养学生良好的职业道德操守和行为规范。

四、实训要求

1.穿实训服,戴安全帽。

2.作业过程必须戴工作手套,使用电动机械由专人负责。

3. 实训前学生自行分组,每组人数约 5 人,并选出组长,分配好每个人的工作任务。

4. 验收工作实行"三检"制度:组内自检、组间互检、指导专检。

5. 验收后,各组负责后续的拆除、清理工作,指导检查确认后方可离场。

五、实训建议

1. 人员分配:每组约 5 人;

2. 时间分配:每组 60 min,其中工完料清至少预留 10 min。

六、附录

附录 A:套筒灌浆施工记录表(学员用表)

附录 B:成绩评定(教师用表)

附录 A:套筒灌浆施工记录表(学员用表)

灌浆日期: 年 月 日 天气状况: 灌浆环境温度: ℃

浆料备制	批次: ;干粉用量: kg;水的用量: kg;搅拌时间: ;施工员:						
	流动度: mm 充盈度: mm						
	异常现象记录:						
构件名称及编号	灌浆孔号	开始时间	结束时间	施工员	异常现象记录	是否补灌	有无影像资料

注:①灌浆开始前,应对各灌浆孔进行编号; 专职检验人员: 日期:

②灌浆施工时,环境温度超过允许范围应采取措施;

③浆料搅拌后须在规定时间内灌注完成。

附录 B:评分表(教师用表)(满分 100 分)

实操组号:　　　　　　　实操人数:　　　　　　　实操时间:

实操项	实操内容(工艺流程+质量控制+组织能力+施工安全)	评分标准	满分/分	实得分/分	备注
一、施工准备工艺流程(6 分)	劳保用品准备 — 佩戴安全帽	①内衬圆周大小调节到头部稍有约束感为宜。②系好下颚带,应紧贴下颚,松紧以下颚有约束感,但不难受为宜。均满足要求可得满分,否则得 0 分	1		
	劳保用品准备 — 穿戴劳保工装、防护手套	①劳保工装做到"统一、整齐、整洁",并做到"三紧",即领口紧、袖口紧、下摆紧,严禁卷袖口、卷裤腿等现象。②必须穿戴手套,方可进行实操考核。均满足要求可得满分,否则得 0 分	1		
	设备检查 — 检查施工设备(如吊装机具、吊具等)	操作开关(如有)或手动检查吊装机具是否正常运转、吊具是否正常使用。均满足要求可得满分,否则得 0 分	1		
	领取工具 — 领取构件灌浆全部工具	根据套筒灌浆工艺选择全部工具。所选工具均满足实操要求可得满分。如后期操作发现缺少工具,可回到此项扣分,任漏选一项扣 0.5 分,最多扣 1 分。选择的工具多于实际使用工具≥3 项时,扣除 0.5 分	1		
	领取材料 — 领取构件灌浆全部材料	领取构件灌浆全部材料。所选材料均满足实操要求可得满分。如后期操作发现缺少材料,可回到此项扣分,任漏选一项扣 0.5 分,最多扣 1 分。选择的材料多于实际使用材料≥3 项时,扣除 0.5 分	1		
	卫生检查及清理 — 施工场地卫生检查及清扫	对施工场地卫生进行检查,并使用扫帚规范清理场地。均满足要求可得满分,否则得 0 分	1		

实操项	实操内容(工艺流程+质量控制+组织能力+施工安全)		评分标准	满分/分	实得分/分	备注
二、构件吊装工艺流程(18分)	套筒检查	检查套筒通透性	使用工具(气泵或打气筒)检查每个套筒是否通透。均满足要求可得满分,否则得0分	2		
	连接钢筋处理	连接钢筋除锈	使用工具(钢丝刷)对生锈钢筋处理,若没有生锈钢筋,则说明钢筋无须除锈。均满足要求可得满分,否则得0分	1		
		连接钢筋长度检查	使用工具(钢卷尺)对每个钢筋进行测量,指出不符合要求的钢筋。均满足要求可得满分,否则得0分	1		
		连接钢筋垂直度检查	用钢筋定位模板对钢筋垂直度进行测量,指出不符合要求的钢筋。均满足要求可得满分,否则得0分	1		
		连接钢筋校正	使用工具(撬管、锤子)对钢筋长度、标高、垂直度等不符合要求的进行校正。均满足要求可得满分,否则得0分	1		
	分仓判断		根据图纸给出信息计算,也可使用工具(钢卷尺)直接测量,当最远套筒距离≤1.5 m则不需分仓,否则需要分仓。均满足要求可得满分,否则得0分	2		
	工作面处理	凿毛处理	使用工具(铁锤、錾子)对定位线内工作面进行粗糙面处理。均满足要求可得满分,否则得0分	0.5		
		工作面清理	使用工具(扫帚)对工作面进行清理。均满足要求可得满分,否则得0分	0.5		
		洒水湿润	使用工具(喷壶)对工作面进行洒水湿润处理。均满足要求可得满分,否则得0分	0.5		
	弹控制线		使用工具(钢卷尺、墨盒、铅笔),根据已有轴线或定位线引出200~500 mm控制线。均满足要求可得满分,否则得0分	2		
	放置垫块		使用材料(垫块),在墙两端距离边缘4 cm以上,远离钢筋位置处放置2 cm高垫块。均满足要求可得满分,否则得0分	1		

续表

实操项	实操内容(工艺流程+质量控制+组织能力+施工安全)		评分标准	满分/分	实得分/分	备注
二、构件吊装工艺流程(18分)	标高找平		使用工具(水准仪、水准尺),先后视假设标高控制点,再将水准尺分别放置垫块顶,若垫块标高符合要求则不需调整,若垫块不在误差范围内,则需换不同规格垫块。均满足要求可得满分,否则得0分(建议考生有测量过程即可得分)	2		
	剪力墙吊装	吊具连接	满足吊链与水平夹角不宜小于60°。均满足要求可得满分,否则得0分	0.5		
		剪力墙试吊	操作吊装设备起构件至距离地面约300 mm,停滞,观察吊具是否安全。均满足要求可得满分,否则得0分	0.5		
		剪力墙吊运	操作吊装设备吊运剪力墙,缓起、匀升、慢落。均满足要求可得满分,否则得0分	1		
		剪力墙安装对位	操作吊装设备,使用工具(镜子),将镜子放置在墙体两端钢筋相邻处,观察套筒与钢筋的位置关系,边调整剪力墙位置边下落。均满足要求可得满分,否则得0分	1		
		摘除吊钩	将吊钩摘除。均满足要求可得满分,否则得0分	0.5		
三、封缝料制作与封缝(29分)	封缝料制作	根据配合比计算封缝料干料和水用量	根据所给浆料总重与配合比计算封缝料干料和水用量,严格按商家给出的配比计算。均满足要求可得满分,否则得0分	2		
		称水量	使用工具(量筒或电子秤),根据计算水用量称量。均满足要求可得满分,否则得0分	2		
		称量封缝料干料	使用工具(电子秤、小盆),根据计算封缝料干料用量称量,注意去皮。均满足要求可得满分,否则得0分	2		
		将全部水倒入搅拌容器	使用工具(量筒、搅拌容器)将水全部导入搅拌容器。均满足要求可得满分,否则得0分	2		
		加入封缝料干料	使用工具(小盆),推荐分两次加料,第一次先将70%干料倒入搅拌容器,第二次加入30%干料。均满足要求可得满分,否则得0分	3		
		封缝料搅拌	使用工具(搅拌器),推荐分两次搅拌,沿一个方向均匀搅拌封缝料,总共搅拌不少于5 min。均满足要求可得满分,否则得0分。搅拌时长低于5 min,则扣2分	4		

实操项	实操内容(工艺流程+质量控制+组织能力+施工安全)		评分标准	满分/分	实得分/分	备注
三、封缝料制作与封缝(29分)	封缝操作	放置内衬	使用材料(内衬,如 PVC 管或橡胶条),先沿一边布置,使封缝宽度控制在 1.5~2 cm。均满足要求可得满分,否则得 0 分	2		
		封缝	使用工具(托板、小抹子)和材料(封缝料),沿一边布置好内衬,一边进行封缝。均满足要求可得满分,否则得 0 分	2		
		抽出内衬	从一侧竖直抽出内衬,保证不扰动封缝,然后进行下一边封缝。均满足要求可得满分,否则得 0 分	1		
		清理工作面	使用工具(扫帚、抹布)清理工作面余浆。均满足要求可得满分,否则得 0 分	1		
	检查封缝质量	吊起构件	使用操作吊装设备吊起构件,并安全放置在指定位置。均满足要求可得满分,否则得 0 分	1		
		检查封缝宽度	使用工具(钢卷尺),按照考核员指定任意位置测量封缝宽度(1.5~2 cm)。均满足要求可得满分,否则得 0 分	1		
		检查封缝饱满度	肉眼观察封缝饱满度情况。均满足要求可得满分,否则得 0 分	1		
		清理封缝料	使用工具(铲子、水枪、扫帚),先将封缝料铲除,然后用高压水枪从一侧清洗,最后用气泵或扫帚清洗积水。均满足要求可得满分,否则得 0 分	1		
		称量剩余封缝料	使用工具(小盆、电子秤)称量封缝料(注意去皮),不大于 0.5 kg。均满足要求可得满分,否则得 0 分	2		
	密封	放置密封装置	放置密封装置,采取漏浆措施。均满足要求可得满分,否则得 0 分	1		
		安装构件	使用吊装设备再次安装构件。均满足要求可得满分,否则得 0 分	1		

续表

实操项	实操内容（工艺流程+质量控制+组织能力+施工安全）		评分标准	满分/分	实得分/分	备注
四、灌浆工艺流程（28分）	灌浆料制作	温度检测	使用工具（温度计）测量室温，并做记录。均满足要求可得满分，否则得0分	0.5		
		根据配合比计算灌浆料干料和水用量	根据所给浆料总重与配合比计算灌浆料干料和水用量，严格按商家给出的配比计算。均满足要求可得满分，否则得0分	1		
		称水量	使用工具（量筒或电子秤），根据计算水用量称量。均满足要求可得满分，否则得0分	1		
		称量灌浆料干料	使用工具（电子秤、小盆），根据计算灌浆料干料用量称量，注意小盆去皮。均满足要求可得满分，否则得0分	1		
		将全部水倒入搅拌容器	使用工具（量筒、搅拌容器）将水全部导入搅拌容器。均满足要求可得满分，否则得0分	1		
		加入灌浆料干料	使用工具（小盆），推荐分两次加料，第一次先将70%干料倒入搅拌容器，第二次加入30%干料。均满足要求可得满分，否则得0分	2		
		灌浆料搅拌	使用工具（搅拌器），推荐分两次搅拌，沿一个方向均匀搅拌灌浆料，总共搅拌不少于5 min。均满足要求可得满分，否则得0分。搅拌时长低于5 min，则扣1分	2		
		静置约2 min	使灌浆料内气体自然排出。均满足要求可得满分，否则得0分。静置时长低于2 min，则0.5分	1		
	流动度检测	放置并湿润玻璃板	使用工具（玻璃板、抹布），用湿润抹布擦拭玻璃板，并放置平稳位置。均满足要求可得满分，否则得0分	1		
		放置截锥试模	使用工具（截锥试模），大口朝下小口朝上，放置在玻璃板正中央。均满足要求可得满分，否则得0分	1		
		倒入灌浆料	使用工具（勺子）舀出一部分灌浆料倒入截锥试模。均满足要求可得满分，否则得0分	1		
		捣实灌浆料	使用工具（铁棒）捣实截锥试模内灌浆料。均满足要求可得满分，否则得0分	1		
		抹面	使用工具（小抹子）将截锥试模顶多余灌浆料抹平。均满足要求可得满分，否则得0分	1		
		竖直提起截锥试模	竖直提起截锥试模。均满足要求可得满分，否则得0分	1		
		测量灰饼直径	使用工具（钢卷尺），等灌浆料停止流动后，测量最大灰饼直径，并做记录。均满足要求可得满分，否则得0分	1		

实操项	实操内容(工艺流程+质量控制+组织能力+施工安全)		评分标准	满分/分	实得分/分	备注
四、灌浆工艺流程(28 分)	灌浆	湿润灌浆泵	使用工具(灌浆泵、塑料勺)和材料(水),将水倒入灌浆泵进行湿润,并将水全部排出。均满足要求可得满分,否则得 0 分	0.5		
		倒入灌浆料	使用工具(灌浆泵、搅拌容器)将灌浆料倒入灌浆泵。均满足要求可得满分,否则得 0 分	0.5		
		排出前端灌浆料	使用工具(灌浆泵),由于灌浆泵内有少量积水,因此需排出前端灌浆料。均满足要求可得满分,否则得 0 分	1		
		选择灌浆孔	使用工具(灌浆泵),选择下方灌浆孔,一舱室只能选择一个灌浆孔,其余为排浆孔,中途不得换灌浆孔。均满足要求可得满分,否则得 0 分	1		
		灌浆	使用工具(灌浆泵),灌浆时应连续灌浆,中间不得停顿。均满足要求可得满分,否则得 0 分	1		
		封堵排浆孔	待排浆孔流出浆料并成圆柱状时,用橡胶塞、橡胶锤进行封堵。均满足要求可得满分,否则得 0 分	1		
		保压	使用工具(灌浆泵),待排浆孔全部封堵后保压或慢速保持约 30 s,保证内部浆料充足。均满足要求可得满分,否则得 0 分。保压时长低于 30 s 时,扣 0.5 分	1		
		封堵灌浆孔	使用工具(铁锤)和材料(橡胶塞),待灌浆泵移除后迅速封堵灌浆孔。均满足要求可得满分,否则得 0 分	1		
		工作面清理	使用工具(扫帚、抹布)清理工作面,保持干净。均满足要求可得满分,否则得 0 分	1		
		称量剩余灌浆料	使用工具(灌浆泵、电子秤、小盆)将浆料排入小盆,称量重量(去皮),灌浆料剩余量≤1 kg,均满足要求可得满分,否则得 0 分	0.5		
		填写灌浆施工记录表	将以上灌浆记录数据整理到灌浆施工记录表上。均满足要求可得满分,否则得 0 分	0.5		
	质量控制	初始流动度≥300 mm	在操作过程中根据质量要求由教师打分	0.5		
		检查灌浆是否饱满		0.5		
		是否漏浆		0.5		
		灌浆施工记录表		0.5		
		灌浆料剩余量≤1 kg		0.5		

续表

实操项	实操内容(工艺流程+质量控制+组织能力+施工安全)		评分标准	满分/分	实得分/分	备注
五、工完料清(9分)	设备拆除、清洗、复位	设备拆除	操作吊装设备将灌浆上部构件吊至清洗区。均满足要求可得满分,否则得0分	1		
		清洗套筒、墙底、底座	使用工具(高压水枪)针对每个套筒彻底清洗至无残余浆料。均满足要求可得满分,否则得0分	2		
		设备复位	使用吊装设备将上部构件调至原位置。均满足要求可得满分,否则得0分	1		
	工具清洗维护	灌浆泵清洗维护	着重清洗灌浆泵,先将水倒入灌浆泵然后排出,清洗3遍,再将海绵球放置灌浆泵并排出,清洗3遍。均满足要求可得满分,否则得0分	2		
		其他工具清洗维护	清洗有浆料浮浆工具(搅拌器、小盆、铲子、抹子等)。均满足要求可得满分,否则得0分	1		
		工具入库	将工具放置原位置。均满足要求可得满分,否则得0分	1		
	场地清理		使用工具(高压水枪、扫帚)将场地清理干净,并将工具归还。均满足要求可得满分,否则得0分	1		
六、组织协调(10分)	指令明确		根据指令明确程度、口齿清晰洪亮程度,在0~5分区间灵活得分	5		
	分工合理		根据分工是否合理,有无人员窝工或分工不均情况等,在0~5分区间灵活得分	5		
七、安全生产	生产过程中严格按照安全文明生产规定操作,无恶意损坏工具、原材料且无因操作失误造成考试人员伤害等行为		出现危险操作时,其余成员未制止或不听工作人员指令自行操作等违反安全文明生产规定行为,以及不遵守考试纪律等严重违纪行为。出现违纪行为即终止本项考核,该项目成绩记0分	合格/不合格		
总分/分	100		终得分/分			
教师签字			组员签字			

预制剪力墙套筒灌浆施工实训指导书

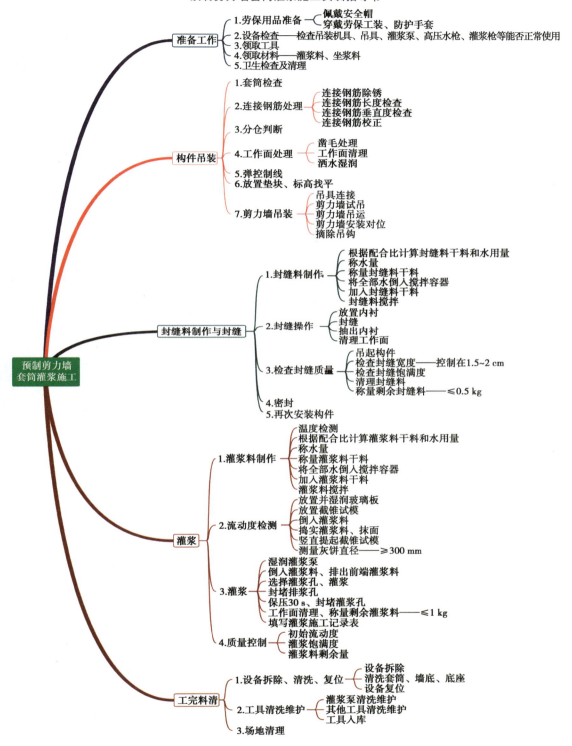

准备工作
- 1.劳保用品准备
  - 佩戴安全帽
  - 穿戴劳保工装、防护手套
- 2.设备检查——检查吊装机具、吊具、灌浆泵、高压水枪、灌浆枪等能否正常使用
- 3.领取工具
- 4.领取材料——灌浆料、坐浆料
- 5.卫生检查及清理

构件吊装
- 1.套筒检查
- 2.连接钢筋处理
  - 连接钢筋除锈
  - 连接钢筋长度检查
  - 连接钢筋垂直度检查
  - 连接钢筋校正
- 3.分仓判断
- 4.工作面处理
  - 凿毛处理
  - 工作面清理
  - 洒水湿润
- 5.弹控制线
- 6.放置垫块、标高找平
- 7.剪力墙吊装
  - 吊具连接
  - 剪力墙试吊
  - 剪力墙吊运
  - 剪力墙安装对位
  - 摘除吊钩

封缝料制作与封缝
- 1.封缝料制作
  - 根据配合比计算封缝料干料和水用量
  - 称水量
  - 称量封缝料干料
  - 将全部水倒入搅拌容器
  - 加入封缝料干料
  - 封缝料搅拌
- 2.封缝操作
  - 放置内衬
  - 封缝
  - 抽出内衬
  - 清理工作面
- 3.检查封缝质量
  - 吊起构件
  - 检查封缝宽度——控制在1.5~2 cm
  - 检查封缝饱满度
  - 清理封缝料
  - 称量剩余封缝料——≤0.5 kg
- 4.密封
- 5.再次安装构件

灌浆
- 1.灌浆料制作
  - 温度检测
  - 根据配合比计算灌浆料干料和水用量
  - 称水量
  - 称量灌浆料干料
  - 将全部水倒入搅拌容器
  - 加入灌浆料干料
  - 灌浆料搅拌
- 2.流动度检测
  - 放置并湿润玻璃板
  - 放置截锥试模
  - 倒入灌浆料
  - 捣实灌浆料、抹面
  - 竖直提起截锥试模
  - 测量灰饼直径——≥300 mm
- 3.灌浆
  - 湿润灌浆泵
  - 倒入灌浆料、排出前端灌浆料
  - 选择灌浆孔、灌浆
  - 封堵排浆孔
  - 保压30 s、封堵灌浆孔
  - 工作面清理、称量剩余灌浆料——≤1 kg
  - 填写灌浆施工记录表
- 4.质量控制
  - 初始流动度
  - 灌浆饱满度
  - 灌浆剩余量

工完料清
- 1.设备拆除、清洗、复位
  - 设备拆除
  - 清洗套筒、墙底、底座
  - 设备复位
- 2.工具清洗维护
  - 灌浆泵清洗维护
  - 其他工具清洗维护
  - 工具入库
- 3.场地清理

预制剪力墙套筒灌浆施工

一、准备工作

1. 劳保用品准备

（1）佩戴安全帽

①内衬圆周大小调节到头部稍有约束感为宜。

②系好下颚带，下颚带应紧贴下颚，松紧以下颚有约束感，但不难受为宜。

（2）穿戴劳保工装、防护手套

①劳保工装做到"统一、整齐、整洁"，并做到"三紧"，即领口紧、袖口紧、下摆紧，严禁卷袖口、卷裤腿等现象。

②必须正确穿戴手套，方可进行实操考核。

2. 设备检查

检查施工设备，如吊装机具、吊具、灌浆泵、高压水枪、灌浆枪等。

3. 领取工具

根据套筒灌浆工艺领取全部工具，摆放整齐。

4. 领取材料

根据套筒灌浆工艺领取全部材料，摆放整齐。

5. 卫生检查及清理

对施工场地卫生进行检查，并使用扫帚规范清理场地。

二、构件吊装

1. 套筒检查

使用工具（气泵或打气筒）检查每个套筒是否通透。

2. 连接钢筋处理

（1）连接钢筋除锈

使用工具（钢丝刷）对生锈钢筋进行处理，若没有生锈钢筋，则说明钢筋无须除锈。

（2）连接钢筋长度检查

使用工具（钢卷尺）对每个钢筋进行测量，指出不符合要求的钢筋。

（3）连接钢筋垂直度检查

用钢筋定位模板对钢筋垂直度进行测量，指出不符合要求的钢筋。

（4）连接钢筋校正

使用工具（撬管、锤子）对钢筋长度、标高、垂直度等不符合要求的进行校正。

3. 分仓判断

根据图纸给出信息计算，也可使用工具（钢卷尺）直接测量，当最远套筒距离≤1.5 m 则不需分仓，否则，需要分仓。

4. 工作面处理

（1）凿毛处理

使用工具（铁锤、錾子）对定位线内的工作面进行粗糙面处理。

（2）工作面清理

使用工具（扫帚）对工作面进行清理。

（3）洒水湿润

使用工具（喷壶）对工作面进行洒水湿润处理。

5. 弹控制线

使用工具（钢卷尺、墨盒、铅笔），根据已有轴线或定位线引出 200～500 mm 的控制线。

6. 放置垫块

使用材料（垫块），在墙两端距离边缘 4 cm 以上，远离钢筋位置处放置 2 cm 高垫块。

7. 标高找平

使用工具（水准仪、水准尺），先后视假设标高控制点，再将水准尺分别放置垫块顶，若垫块标高符合要求则不需调整，若垫块不在误差范围内，则需换不同规格的垫块。

8. 剪力墙吊装

（1）吊具连接

满足吊链与水平夹角不宜小于 60°。

（2）剪力墙试吊

操作吊装设备起构件至距离地面约 300 mm，停滞，观察吊具是否安全。

（3）剪力墙吊运

操作吊装设备吊运剪力墙，缓起、匀升、慢落。

（4）剪力墙安装对位

操作吊装设备，使用工具（镜子），将镜子放置在墙体两端钢筋相邻处，观察套筒与钢筋的位置关系，边调整剪力墙位置边下落。

（5）摘除吊钩

吊钩摘除并使用工具（扳手）进行终固定。

三、封缝料制作与封缝

1. 封缝料制作

（1）根据配合比计算封缝料干料和水用量

根据所给浆料总重与配合比计算封缝料干料和水用量，严格按商家给出的配比计算。

（2）称水量

使用工具（量筒或电子秤），根据计算水用量称量，注意去皮。

（3）称量封缝料干料

使用工具（电子秤、小盆），根据计算封缝料干料用量称量，注意去皮。

（4）将全部水倒入搅拌容器

使用工具（量筒、搅拌容器）将水全部导入搅拌容器。

（5）加入封缝料干料

使用工具（小盆），推荐分两次加料，第一次先将70%干料倒入搅拌容器，第二次加入30%干料。

（6）封缝料搅拌

使用工具（搅拌器），推荐分两次搅拌，沿一个方向均匀搅拌封缝料，总共搅拌不少于5 min。

2. 封缝操作

（1）放置内衬

使用材料（内衬，如PVC管或橡胶条），先沿一边布置，将封缝宽度控制在1.5～2 cm。

（2）封缝

使用工具（托板、小抹子）和材料（封缝料），沿一边布置好内衬，一边进行封缝。

（3）抽出内衬

从一侧竖直抽出内衬，保证不扰动封缝，再进行下一边封缝。

（4）清理工作面

使用工具（扫帚、抹布）清理工作面余浆。

3. 检查封缝质量

（1）吊起构件

使用操作吊装设备吊起构件，并安全放置在指定位置。

（2）检查封缝宽度

使用工具（钢卷尺），按照考核员指定任意位置测量封缝宽度（一般为1.5～2 cm）。

（3）检查封缝饱满度

肉眼观察封缝饱满度情况。

（4）清理封缝料

使用工具（铲子、水枪、扫帚），首先将封缝料铲除，然后用高压水枪从一侧清洗，最后用气泵或扫帚清洗积水。

（5）称量剩余封缝料

使用工具（小盆、电子秤），称量封缝料（注意去皮），不大于0.5 kg。

4. 密封

放置密封装置，采取防漏浆措施。

5. 安装构件

使用吊装设备再次安装构件。

四、灌浆

1. 灌浆料制作

（1）温度检测

使用工具（温度计）测量室温，并做记录。

（2）根据配合比计算灌浆料干料和水用量

根据所给浆料总重与配合比计算灌浆料干料和水用量，严格按商家给出的配比计算。

（3）称水量

使用工具（量筒或电子秤），根据计算水用量称量，注意去皮。

（4）称量灌浆料干料

使用工具（电子秤、小盆），根据计算灌浆料干料用量称量，注意去皮。

（5）将全部水倒入搅拌容器

使用工具（量筒、搅拌容器）将水全部导入搅拌容器。

（6）加入灌浆料干料

使用工具（小盆），推荐分两次加料，第一次先将 70% 干料倒入搅拌容器，第二次加入 30% 干料。

（7）灌浆料搅拌

使用工具（搅拌器），推荐分两次搅拌，沿一个方向均匀搅拌灌浆料，总共搅拌不少于 5 min。

（8）静置约 2 min

使灌浆料内气体自然排出。

2. 流动度检测

（1）放置并湿润玻璃板

使用工具（玻璃板、抹布），用湿润抹布擦拭玻璃板，并放置平稳位置。

（2）放置截锥试模

使用工具（截锥试模），大口朝下小口朝上，放置玻璃板正中央。

（3）倒入灌浆料

使用工具（勺子），舀出一部分灌浆料倒入截锥试模。

（4）捣实灌浆料

使用工具（铁棒），捣实截锥试模内灌浆料。

（5）抹面

使用工具（小抹子），将截锥试模顶多余灌浆料抹平。

（6）竖直提起截锥试模

竖直提起截锥试模。

（7）测量灰饼直径

使用工具（钢卷尺），等灌浆料停止流动后，测量最大灰饼直径，并做记录。

3. 灌浆

（1）湿润灌浆泵

使用工具（灌浆泵、塑料勺）和材料（水），将水倒入灌浆泵进行湿润，并将水全部排出。

（2）倒入灌浆料

使用工具（灌浆泵、搅拌容器），将灌浆料倒入灌浆泵。

（3）排出前端灌浆料

使用工具（灌浆泵），由于灌浆泵内有少量积水，因此需排出前端灌浆料。

（4）选择灌浆孔

使用工具（灌浆泵），选择下方灌浆孔，一舱室只能选择一个灌浆孔，其余为排浆孔，中途不得换灌浆孔。

（5）灌浆

使用工具（灌浆泵），灌浆时应连续灌浆，中间不得停顿。

（6）封堵排浆孔

待排浆孔流出浆料并成圆柱状时，用橡胶塞、橡胶锤进行封堵。

（7）保压

使用工具（灌浆泵），待排浆孔全部封堵后保压或慢速保持约 30 s，保证内部浆料充足。

（8）封堵灌浆孔

使用工具（铁锤）和材料（橡胶塞）待灌浆泵移除后迅速封堵灌浆孔。

（9）工作面清理

使用工具（扫帚、抹布）清理工作面，保持干净。

（10）称量剩余灌浆料

使用工具（灌浆泵、电子秤、小盆），将浆料排入小盆，称量重量（去皮），灌浆料剩余量≤1 kg。

（11）填写灌浆施工记录表

将以上灌浆记录数据整理到灌浆施工记录表中。

4. 质量控制

在操作过程中确保灌浆料初始流动度≥300 mm，砂浆饱满、无漏浆、灌浆料剩余量≤1 kg。

五、工完料清

1. 设备拆除、清洗、复位

（1）设备拆除

操作吊装设备将灌浆上部构件吊至清洗区。

（2）清洗套筒、墙底、底座

使用工具（高压水枪）针对每个套筒彻底清洗至无残余浆料。

（3）设备复位

使用吊装设备将上部构件调至原位置。

2. 工具清洗维护

（1）灌浆泵清洗维护

着重清洗灌浆泵,先将水倒入灌浆泵然后排出,清洗 3 遍;再将海绵球放置灌浆泵并排出,清洗 3 遍。

（2）其他工具清洗维护

清洗有浆料浮浆工具(搅拌器、小盆、铲子、抹子等)。

（3）工具入库

将工具放置原位置。

3. 场地清理

使用工具(高压水枪、扫帚)将场地清理干净,并归还工具。

实训项目四　预制外墙密封防水施工实训

预制外墙密封防水施工实训任务书

项目名称	预制外墙密封防水施工实训				
适用专业		实施学期	第　　学期	总学时	
项目类型	实训操作	项目性质	操作	考核形式	考查

一、实训任务

依据国家、行业相关规范、标准和图集,学生分组完成预制外墙密封防水施工及质量检验,具体任务如下:

1. 完成施工前准备工作。

2. 完成封缝打胶。

3. 完成封缝打胶施工各工序的质量检验。

4. 完成工完料清操作。

二、物料清单(每组用量)

分类	序号	名称	规格型号	单位	数量	备注
劳保用品	1	安全帽		个	5	
	2	工作手套		双	5	
	3	安全马甲		套	5	

封缝打胶实操装置	4	封缝打胶实操设备	实操设备应包括结构钢架、外墙板、仿真吊篮、工具箱等,通过仿真外墙构造"十"字形墙体拼接缝,供打胶封缝训练,并且可电动控制墙体开合,用于封缝胶料清理重复训练。通过悬空仿真吊篮拟造高空施工环境,增加实操真实体验。 ①结构钢架:支撑墙体与吊篮,配置装置电动装置,控制仿真墙体组合,安全可靠。 ②外墙板:由 4 块外墙板组成,可通过结构钢架电动驱动,构造"十"字形墙体拼接缝。每块墙板尺寸≥700 mm×700 mm(长×宽)。 ③仿真吊篮:钢制材料,由钢丝绳悬挂于结构钢架,可动力升降,荷载≥200 kg。 ④钢制,用于工具、材料存放	套	1	
	5	封缝打胶工具	磨光机、电动吹风机、铲刀、软毛刷、PE 棒、美纹纸、胶枪等	套	1	
防水材料	6	密封胶	使用年限应不小于 15 年	筒	若干	

三、实训目的

1.反复封缝打胶实操训练,提高训练效率、利用率,减少成本消耗。

2.培养学生的岗前准备和工完料清的工作习惯。

3.培养学生认知了解常用密封胶和封缝打胶工具。

4.培养学生掌握封缝打胶实操技能。

5.增加学生现场实操体验。

6.培养学生团队交流协作能力。

7.培养学生从事职业活动所需的工作方法和学习方法的能力。

8.培养学生良好的职业道德操守和行为规范。

四、实训要求

1.穿实训服,戴安全帽。

2.作业过程必须戴工作手套,使用电动机械由专人负责。

3.实训前自行分组,每组 1 人。

4.验收工作实行"三检"制度:组内自检、组间互检、指导教师专检。

5.验收后,各组负责后续的拆除、清理工作,指导教师检查确认后方可离场。

五、实训建议

1.人员分配:每组 1 人。

2.时间分配:每组(45 min)。

六、附录

附录:成绩评定(教师用表)(满分 100 分)

实操组号:　　　　　　　　　实操人数:　　　　　　　　　实操时间:

实操项	实操内容(工艺流程+质量控制+组织能力+施工安全)		评分标准	满分/分	实得分/分	备注
一、施工准备工艺流程(15 分)	劳保用品准备	佩戴安全帽	①内衬圆周大小调节到头部稍有约束感为宜。②系好下颚带,应紧贴下颚,松紧以下颚有约束感,但不难受为宜。均满足要求可得满分,否则得 0 分	2		
		穿戴劳保工装、防护手套	①劳保工装做到"统一、整齐、整洁",并做到"三紧",即领口紧、袖口紧、下摆紧,严禁卷袖口、卷裤腿等现象。②必须佩戴手套,方可进行实操考核。均满足要求可得满分,否则得 0 分	2		
		穿戴安全带	固定好胸带、腰带、腿带,安全带进行贴身	3		
	设备检查	检查施工设备(如吊篮、打胶装置)	操作开关(如有)检查吊篮、打胶装置是否正常运转。均满足要求可得满分,否则得 0 分	2		
	领取工具	领取打胶全部工具	根据打胶工艺选择全部工具。所选工具均满足实操要求可得满分。如后期操作发现缺少工具,可回到此项扣分,任漏选一项扣 0.5 分,最多扣 2 分。选择的工具多于实际使用工具≥3 项时,扣除 0.5 分	2		
	领取材料	领取打胶全部材料	根据打胶工艺选择全部材料。所选材料均满足实操要求可得满分。如后期操作发现缺少材料,可回到此项扣分,任漏选一项扣 0.5 分,最多扣 2 分。选择的材料多于实际使用材料≥3 项时,扣除 0.5 分	2		
	卫生检查及清理	施工场地卫生检查及清扫	对施工场地卫生进行检查,并使用扫帚规范清理场地。均满足要求可得满分,否则得 0 分	2		
二、封缝打胶工艺流程(50 分)	基层处理	采用角磨机清理浮浆	正确使用工具(角磨机)沿板缝清理浮浆。均满足要求可得满分,否则得 0 分	3		
		采用钢丝刷清理墙体杂质	正确使用工具(钢丝刷)清理墙体杂质。均满足要求可得满分,否则得 0 分	3		
		采用毛刷清理残留灰尘	正确使用工具(毛刷)沿板缝清理残留灰尘。均满足要求可得满分,否则得 0 分	3		
	填充 PE 棒		正确使用工具(铲子)和材料(PE 棒),沿板缝顺直填充 PE 棒。满足要求可得满分,否则得 0 分	6		

续表

实操项目	实操内容(工艺流程+质量控制+组织能力+施工安全)			评分标准	满分/分	实得分/分	备注
二、封缝打胶工艺流程(50分)	粘贴美纹纸			正确使用材料(美纹纸),沿板缝顺直粘贴。满足要求可得满分,否则得0分	6		
	涂刷底涂液			正确使用工具(毛刷)和材料(底涂液),沿板缝内侧均匀涂刷。满足要求可得满分,否则得0分	5		
	打胶	竖缝打胶		正确使用工具(打胶枪)和材料(密封胶),沿竖向板缝打胶。满足要求可得满分,否则得0分	8		
		水平缝打胶		正确使用工具(打胶枪)和材料(密封胶),沿水平缝打胶。满足要求可得满分,否则得0分	8		
	刮平压实密封胶			正确使用工具(刮板)沿板缝匀速刮平,禁止反复操作。满足要求可得满分,否则得0分	5		
	打胶质量检验			正确使用工具(钢卷尺),对打胶厚度进行测量。满足要求可得满分,否则得0分	3		
三、工完料清(10分)	拆除美纹纸			要尽快拆除美纹纸,以免出现残胶现象。满足要求可得满分,否则得0分	2		
	清理打胶装置			正确使用工具(铲子、抹布),将密封胶清理到垃圾桶内。满足要求可得满分,否则得0分	2		
	打胶装置复位			操作开关,复位打胶装置。满足要求可得满分,否则得0分	1		
	工具入库	工具清理		正确使用工具(抹布)清理工具。满足要求可得满分,否则得0分	2		
		工具入库		依次将工具放置原位。满足要求可得满分,否则得0分	1		
	施工场地清理			正确使用工具(扫帚)将场地清理干净,并将工具归还。均满足要求可得满分,否则得0分	2		
四、质量控制(15分)	PE棒填充质量	是否顺直		打胶结束后,考核人员配合指导教师对打胶质量进行检查	3		
	打胶质量	胶面是否平整			3		
		厚度约为1 cm			3		
	工完料清	打胶装置是否清理干净			2		
		工具是否清理干净			2		
		场地是否清理干净			2		

实操项	实操内容（工艺流程+质量控制+组织能力+施工安全）	评分标准	满分/分	实得分/分	备注
五、组织协调（10分）	指令明确	根据指令明确程度、口齿清晰洪亮程度，在0~5分区间灵活得分	5		
	分工合理	根据分工是否合理，有无人员窝工或分工不均情况等，在0~5分区间灵活得分	5		
六、安全生产	生产过程中严格按照安全文明生产规定操作，无恶意损坏工具、原材料且无因操作失误造成实训人员伤害等行为	出现危险操作时，其余成员未制止或不听工作人员指令自行操作等违反安全文明生产规定行为，以及不遵守考试纪律等严重违纪行为。出现违纪行为即终止本项实训，该项目成绩记0分	合格/不合格		
总分/分	100	终得分/分			
教师签字		组员签字			

预制外墙密封防水施工实训指导书

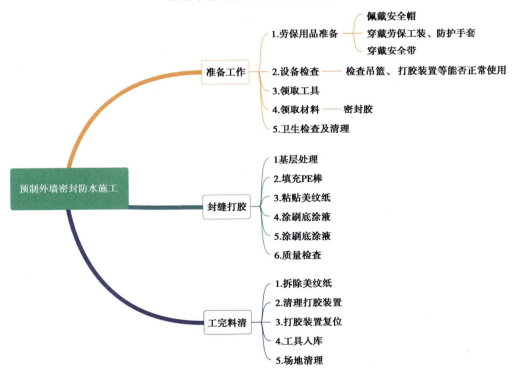

一、准备工作

1. 劳保用品准备

（1）佩戴安全帽

①内衬圆周大小调节到头部稍有约束感为宜。

②系好下颚带，下颚带应紧贴下颚，松紧以下颚有约束感，但不难受为宜。

（2）穿戴劳保工装、防护手套

①劳保工装做到"统一、整齐、整洁"，并做到"三紧"，即领口紧、袖口紧、下摆紧，严禁卷袖口、卷裤腿等现象。

②必须正确穿戴手套，方可进行实操考核。

（3）穿戴安全带

固定好胸带、腰带、腿带，安全带进行贴身。

2. 设备检查

检查施工设备（如吊篮、打胶装置）。

3. 领取工具

根据防水打胶工艺领取全部工具，摆放整齐。

4. 领取材料

根据防水打胶工艺领取全部材料，摆放整齐。

5. 卫生检查及清理

对施工场地卫生进行检查，并使用扫帚规范清理场地。

二、封缝打胶

1. 基层处理

①用角磨机沿板缝清理粘接的浮浆。

②用钢丝刷清理墙体表面粘接的杂质。

③用毛刷沿板缝清理残留的灰尘。

2. 填充 PE 棒

①沿板缝顺直填充 PE 棒，用小铲刀辅助控制 PE 棒填充的深度。

②PE 棒作为背衬，用来控制密封胶的施胶深度，嵌缝深度不宜小于 10 mm。

3. 粘贴美纹纸

为了防止污染墙面，打胶前沿板缝边缘粘贴美纹纸。

4. 涂刷底涂液

为了保证密封胶的粘接效果，用毛刷沿板缝内侧均匀涂刷底涂液。

5. 打胶

①根据填缝宽度，45°角切割胶嘴至合适的口径，将密封胶置入胶枪中。

②先竖缝后水平缝匀速打胶。

③用刮板顺着打胶方向沿板缝做刮平压实处理，禁止反复操作。

④胶缝应饱满、密实、连续、均匀、无气泡，宽度应在 15～20 mm，厚度不宜小于 10 mm。

6. 质量检查

①检查基层清理是否干净。

②检查 PE 棒填充是否顺直。

③检查胶缝表面是否平整、密实。

④检查打胶厚度是否符合要求，不小于 10 mm。

三、工完料清

1. 拆除美纹纸

打胶完成后，要尽快剥离美纹纸胶带，以免出现残胶现象。

2. 清理打胶装置

操作开关，适当开启板缝，用铲子、抹布将板缝内的密封胶依次清理放入垃圾桶。

3. 打胶装置复位

操作开关，复位打胶装置。

4. 工具入库

清洗工具，并放置原位。

5. 场地清理

用扫帚清理场地，并归还工具。

参考文献

[1] 住房和城乡建设部.装配式混凝土结构技术规程:JGJ 1—2014[S].北京:中国建筑工业出版社,2014.

[2] 中华人民共和国住房与城乡建设部.装配式混凝土建筑技术标准:GB/T 51231—2016[S].北京:中国建筑工业出版社,2017.

[3] 中华人民共和国住房与城乡建设部.钢筋连接用灌浆套筒:JGT 398—2019[S].北京:中国标准出版社,2019.

[4] 中华人民共和国住房与城乡建设部.钢筋套筒灌浆连接应用技术规程:JGJ 355—2015[S].北京:中国建筑工业出版社,2015.

[5] 中华人民共和国住房与城乡建设部.混凝土结构工程施工规范:GB 50666—2011[S].北京:中国建筑工业出版社,2011.

[6] 中华人民共和国住房与城乡建设部.混凝土结构工程施工质量验收规范:GB 50204—2015[S].北京:中国建筑工业出版社,2015.

[7] 中建科技有限公司、中建装配式建筑设计研究院有限公司、中国建筑发展公司.装配式混凝土建筑施工技术[M].北京:中国建筑工业出版社,2017.

[8] 张金树,王春长.装配式建筑混凝土预制构件生产与管理[M].北京:中国建筑工业出版社,2017.

[9] 宋亦工.装配整体式混凝土结构工程施工组织管理[M].北京:中国建筑工业出版社,2017.

[10] 曾祥威,张春苑,张超.装配式钢结构建筑的研究进展[J].四川建筑,2021,41(S1):16-18.

[11] 曹珑芳.装配式钢结构连接节点研究综述[J].低温建筑技术,2020,42(11):70-75.

[12] 中华人民共和国住房与城乡建设部.钢结构设计标准:GB 50017—2017[S].北京:中国建筑工业出版社,2017.

[13] 杨伟兴.有关钢结构梁柱节点连接方法的分析和探讨[J].科技资讯,2010,8(5):85.

[14] 中华人民共和国住房与城乡建设部.钢筋机械连接用套筒:JG/T 163—2013[S].北京:中国水利水电出版社,2013.

［15］王玉镯,曹加林,高英.装配式木结构设计施工与 BIM 应用分析［M］.北京：中国水利水电出版社，2018.

［16］宫海.装配式混凝土建筑施工技术［M］.北京：中国建筑工业出版社，2020.

［17］刘志刚.装配式钢结构建筑体系概述与技术要点分析［J］.价值工程,2019,38（36）：20-22.